中文版

Photoshop

完全自学手册

全视频教程版

李 瑜 张 璐 雷 波 编著

U0351392

中国电力出版社
CHINA ELECTRIC POWER PRESS

内 容 提 要

本书内容丰富、实用，与同类书籍相比所讲解的内容更全面，例如，本书既讲解了有关图像处理、平面设计的知识技巧，又讲解了数码照片处理方面的知识技巧。这使本书不仅可以作为一本循序渐进式的学习书籍，也能作为软件实用技能速查手册使用。

特别需要指出的是由于大多数摄影爱好者所使用的软件是Photoshop，因此笔者加大了数码照片修饰方面案例的讲解份量。

本书附送2张DVD光盘，光盘中包含中文版Photoshop CS6及CC两个版本的教学视频，以及数码照片后期处理软件Camera RAW教学视频。此外，笔者在多年使用Photoshop的过程中搜集了大量画笔、动作、样式、形式等Photoshop常用资源，也将在光盘中一并赠送给各位读者。

图书在版编目（CIP）数据

中文版Photoshop完全自学手册（全视频教程版）/李瑜，张璐，雷波编著. —
北京：中国电力出版社，2015.9
ISBN 978-7-5123-6400-4

Ⅰ.①中… Ⅱ.①李…②张…③雷… Ⅲ.①图形软件，Photoshop Ⅵ.①TP391.41

中国电力出版社出版、发行

（北京市东城区北京站西街 19 号 100005 http://www.cepp.sgcc.com.cn）
北京瑞禾彩色印刷有限公司印刷
各地新华书店经售

*

2015 年 9 月第一版 2015 年 9 月北京第一次印刷
787 毫米×1092 毫米 16 开本 24.25 印张 620 千字
印数 0001—4000 册 定价 89.00 元（含 2DVD）

前 言

本书是专门针对Photoshop的初、中级用户而编写的大全型软件理论书籍，书中全面、详细、深入地讲解了Photoshop CS6 90%以上的功能，采用从浅到深、从点到面、从理论到实战的讲解方式，使读者能够迅速了解和掌握Photoshop的强大功能。

本书可以作为初学者入门、中级用户深入研究的学习书籍，也可作为数码照片处理、平面设计人员身边常备以便随时查阅的学习手册，因为书中通过理论讲解与案例分析，涉及这两方面的大量知识与技能。

相比市场上的其他同类书籍，本书主要特色如下：

♦ 内容全面，全面讲解了该软件90%的功能，有些功能可能仅针对较高端的用户，普通用户使用频率较低，但这些内容能够使本书作为一本软件工具、命令、功能速查手册使用。

♦ 由浅入深，针对学习者从初级到中、高级的认知过程，对图书结构与知识体系进行了优化，以保证各位读者在学习初级知识时不涉及中高级技能，从而顺利地进行学习。

♦ 重点突出，对于重点内容特别加大了讲解的篇幅，这些重点内容包括图层、路径、形状、通道、调色等常规重点与难点内容。

♦ 实例精美，无论是知识点实例还是综合实例中均从视觉方面进行了考虑，以保证学习这些案例时能够同时提高各位读者的审美水准。

♦ 一书两用，为了使本书更具实用性，本书在讲解过程中不仅展示了如何在平面设计中使用Photoshop CS6软件，还讲解了许多实用的数码相片处理技术，并专门增加了一些相关的理论及实例。

本书附送2张DVD光盘，光盘中包含中文版Photoshop CS6及CC两个版本的教学视频，以及数码照片后期处理软件Camera RAW教学视频。此外，笔者在多年使用Photoshop的过程中搜集了大量画笔、动作、样式、形式等Photoshop常用资源，也将在光盘中一并赠送给各位读者。

虽然本书为多位作者的倾心之作，但由于水平有限，不敢妄言书中所述技巧与经验皆属最佳，如对本书有任何建议与意见，请将电子邮件发至LB26@263.net或Lbuser@126.com。

本书是集体劳动的结晶，参与本书编著的还有刘丽娟、杜林、李冉、贾宏亮、史成元、白艳、赵菁、杨茜、陈栋宇、陈炎、金满、李懿晨、赵静、黄磊、袁冬焕、陈文龙、宗宇、徐善军、梁佳佳、邢雅静、陈会文、张建华、孙月、张斌、邢晶晶、秦敬尧、王帆、赵雅静、周丹、吴菊、李方兰、王芬 、杜林、刘肖、周小彦、苑丽丽、雷剑、雷波、左福、范玉婵、刘志伟、邓冰峰、詹曼雪、黄正等。

本书光盘中所有文件仅供学习使用，不可用于商业用途，特此声明！

作 者
2015年1月

目 录

第2章 创建与编辑选区

第3章 调整图像色彩

第4章 修复与修饰图像

第5章 图层的基础功能

第6章 绘画、填充与变换功能

第7章 路径与形状功能详解

第8章 图层的合成处理功能

第9章 图层的特效处理功能

第10章 特殊图层详解

第11章 创建与编辑3D模型

第12章 输入与编辑文本

第13章 特殊滤镜应用详解

第14章 通道的运用

第15章 动作及自动化图像处理技术

第16章 综合案例

第1章

走进Photoshop圣堂

Photoshop是美国Adobe公司开发的图像处理软件,在该软件十多年的发展历程中,始终以其强大的功能、梦幻般的效果征服了一批又一批用户。现在,Photoshop已经成为全球专业图像设计人员必不可少的图像设计软件,而使用此软件的设计者也因此为人类创造了数不尽的精神财富。

随着Photoshop CS6版本的发布,其功能也更加强大和专业。在本章中,笔者将与大家一起走进Photoshop的世界,认识它的工作界面及自定义工作环境。

1.1 Photoshop 的应用领域

Photoshop在经历了不断的升级与更新后，多方面的功能都得到了极大的增强，这极大地方便了用户在更多的领域中使用该软件，下面是此软件的主要应用领域。

1.1.1 平面设计

通常我们见到的各种类型的广告、封面以及包装作品，都可以由Photoshop来制作完成，也可以先借助Photoshop处理其中的图像，然后再置入PageMaker、Illustrator及CorelDRAW等软件中完成广告、封面或包装的设计。图1.1~图1.3所示分别为优秀的广告设计、封面设计和包装设计作品示例。

图1.1 广告设计作品

图1.2 优秀的封面设计作品

图1.3 优秀的包装设计作品

1.1.2 影像创意

　　影像创意是Photoshop的特长，通过其强大的图像处理与合成功能，可以将一些不相干的东西组合在一起，从而得到妙趣横生、绚丽精美的图像效果，如图1.4所示。

图1.4 影像创意作品

1.1.3 概念设计

　　所谓概念设计，简单地说就是对某一事物重新进行造型、质感等方面的定义，形成一个针对该事物的新标准，在产品设计的前期，通常要先进行概念设计。除此之外，在许多电影及游戏中都需要进行角色或道具的概念设计。

　　图1.5所示为概念汽车的设计稿。图1.6所示为公司大巴的设计稿。

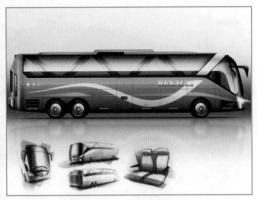

图1.5 概念汽车设计稿　　　　　图1.6 公司大巴设计稿

1.1.4 游戏设计

游戏设计是近年来迅速成长起来的一个新兴行业，在游戏策划及开发阶段都要大量使用Photoshop技术来设计游戏的人物、场景、道具、装备、操作界面。图1.7所示为使用Photoshop设计的游戏角色造型。

图1.7 游戏角色造型设计

1.1.5 数码相片

伴随着计算机及数码设备走进越来越多人的生活，多数人已经不仅仅满足于拍摄的乐趣，更多的是自己动手处理照片，同时各大影楼也需要通过这些技术对照片进行美化和修饰。另外，对于追求唯美的数码婚纱照片设计，Photoshop也起着举足轻重的作用。图1.8所示为对两组照片进行颜色处理后的效果对比。图1.9所示为使用Photoshop制作的数码婚纱照片。

图1.8 照片色彩艺术化处理   图1.9 数码婚纱艺术照片

1.1.6 网页制作

网页设计与制作领域是一个已经比较成熟的行业，互联网上每天诞生上百万的网页，这些网页中的大多数都遵循使用Photoshop进行页面设计、使用Dreamweaver进行页面生成的基本流程。图1.10所示为一些使用Photoshop设计的比较优秀的网页作品。

图1.10 网页作品

1.1.7 插画绘制

插画绘制是近年来才逐步走向成熟的行业，随着出版及商业设计领域工作的细分，商业插画的需求不断扩大，从而使许多以前将插画绘制作为个人爱好的插画艺术家开始为出版社、杂志社、图片社、商业设计公司绘制插画。图1.11所示为使用Photoshop完成的插画。

图1.11 优秀的插画作品

1.1.8 界面设计

随着计算机硬件设备性能的不断加强和人们审美情趣的不断提高，以往古板单调的操作界面早已无法满足人们的需求，一个网页、一个应用软件或一款游戏的界面设计得优秀与否，已经成为人们对它们整体质量进行衡量的标准之一。在界面设计领域，Photoshop扮演着非常重要的角色，目前有90%以上的设计师会使用此软件进行界面设计。

图1.12所示为优秀的界面设计作品。

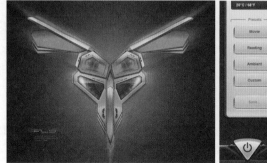

图1.12 优秀的界面设计作品

1.2 了解Photoshop工作界面

运行Adobe Photoshop CS6程序后，界面中出现菜单栏、面板栏、工具箱、工具选项条、状态栏等界面基本元素。但只有在新建文件或者打开旧文件后，才能够进行工作，在此情况下各界面元素和打开的图像文件将共同组成一个如图1.13所示的完整工作界面。

图1.13 完整工作界面

1.3 Photoshop工作界面简介

下面分别介绍Photoshop CS6软件界面中主要部分的功能及使用方法。

1.3.1 菜单

Photoshop包括了11个菜单共上百个命令，听起来虽然有些复杂，但只要了解每个菜单命令的特点，通过这些特点就能够很容易地掌握这些菜单中的命令了。

许多菜单命令能够通过快捷键调用，部分菜单命令与面板菜单中的命令重合，因此在操作过程中真正使用菜单命令的情况并不太多，读者无需因为这上百个数量之多的命令产生学习方面的心理负担。

1.3.2 工具箱

执行"窗口"|"工具"命令，可以显示或者隐藏工具箱。Photoshop工具箱中的工具极为丰富，其中许多工具都非常有特点，使用这些工具可以完成绘制图像、编辑图像、修饰图像、制作选区等操作。

在工具箱中可以看到，部分工具的右下角有一个小三角图标，这表示该工具组中尚有隐藏工具未显示。下面以多边形套索工具▽为例，讲解如何选择及隐藏工具。

① 将鼠标放置在套索工具 ⊘ 的图标上，该工具图标呈高亮显示，如图1.14所示。

② 在此工具上单击鼠标右键。

③ 此时Photoshop会显示出该工具组中所有工具的图标，如图1.15所示。

④ 拖动鼠标指针至多边形套索工具 ☑ 的图标上，如图1.16所示，即可将其激活为当前使用的工具。

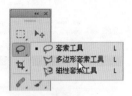

图1.14 摆放光标位置　　　　图1.15 弹出隐藏的工具　　　　图1.16 选择工具

1.3.3　选项条

选择工具后，在大多数情况下还需要设置其工具选项栏中的参数，这样才能够更好地使用工具。在工具选项栏中列出的通常是单选按钮、下拉菜单、参数数值框等，其使用方法都非常简单，在本书相关章节中将会进行讲解。

1.3.4　面板

Photoshop具有多个面板，每个面板都有其各自不同的功能。例如，与图层相关的操作大部分都被集成在"图层"面板中，而如果要对路径进行操作，则需要显示"路径"面板。

虽然面板的数量不少，但在实际工作中使用最频繁的只有其中的几个，即"图层"面板、"通道"面板、"路径"面板、"历史记录"面板、"画笔"面板和"动作"面板等。如果掌握了这些面板的使用方法，那么基本上就能够完成工作中大多数复杂的操作。

要显示这些面板，可以在"窗口"菜单中选择相对应的命令。

1.拆分面板

当要单独拆分出一个面板时，可以选中对应的图标或标签并按住鼠标左键，然后将其拖动至工作区的空白位置，如图1.17所示。如图1.18所示就是被单独拆分出来的面板。

图1.17 拖动面板　　　　　　图1.18 被单独拆分出来的面板

2. 组合面板

要组合面板，可以拖动位于外部的面板标签至想要的位置，直至该位置出现蓝色反光时（图1.19），释放鼠标左键后，即可完成面板的拼合操作，如图1.20所示。通过组合面板的操作，用户可以将软件的操作界面布置成自己习惯或喜爱的状态，从而提高工作效率。

图1.19 拖动面板 图1.20 组合后的面板

3. 隐藏/显示面板

在Photoshop中，按Tab键可以隐藏工具箱及所有已显示的面板，再次按Tab键可以全部显示。如果仅隐藏所有面板，则可按Shift+Tab键；同样，再次按Shift+Tab键可以全部显示。

1.3.5 状态栏

状态栏位于窗口最底部，如图1.21所示。它能够提供当前文件的显示比例、文件大小、内存使用率、操作运行时间、当前工具等提示信息。

图1.21 状态栏

1.3.6 文件选项卡

在Photoshop CS6中，以选项卡的形式排列当前打开的文件，其优点在于让用户在打开多个图像后能够一目了然，并快速通过单击所打开的图像文件的选项卡名称将其选中。

如果打开了多个图像文件，可以单击选项卡式文档窗口右上方的展开按钮，在弹出的下拉列表中选择要操作的文件，如图1.22所示。

图1.22 显示文件列表

1.4 图像文件基础操作

1.4.1 新建图像文件

最常用的获得图像文件的方法是建立新文件。执行"文件"|"新建"命令后，弹出如图1.23所示的"新建"对话框。在此对话框中可以设置新文件的"宽度"、"高度"、"分辨率"、"颜色模式"及"背景内容"等参数，单击"确定"按钮，即可获取一个新的图像文件。

图1.23 "新建"对话框

- "**预设**"：在此下拉列表中已经预设好了创建文件的常用尺寸，以方便用户操作。
- "**宽度**"、"**高度**"、"**分辨率**"：在对应的数值框中键入数值，即可分别设置新文件的宽度、高度和分辨率；在这些数值框右侧的下拉菜单中可以选择相应的单位。
- "**颜色模式**"：在其选择框的下拉菜单中可以选择新文件的颜色模式；在其右侧选择框的下拉菜单中可以选择新文件的颜色位数，用以确定使用颜色的最大数量。
- "**背景内容**"：在其下拉菜单中可以设置新文件的背景颜色。
- "**存储预设**"：单击此按钮，可以将当前设置的参数保存成为预置选项，以便从"预设"下拉菜单中调用此设置。

Tips 提示

如果在新建文件之前曾执行"拷贝"操作，则对话框的高度及宽度数值会自动匹配所拷贝图像的高度与宽度尺寸。

1.4.2 保存图像文件

无论是新建的文件，还是修改后的文件，如果要将其进行存储，选择"文件"|"存储"命令，在弹出的如图1.24所示的对话框中设置选项，即可保存图像文件。

图1.24 "存储为"对话框

如果当前文件具有通道、图层、路径、专色或注解，而且在此对话框的"格式"下拉列表中选择了支持保存这些信息的文件格式，则对话框中的"Alpha通道"、"图层"、"注释"、"专色"等选项就会被激活，选择相应的选项，可以保存这些信息。

默认情况下应该选择"缩览图"选项，以便于我们在打开图像时，能够在"打开"对话框的下面看见当前选择的图像的预览图。

1.4.3 打开图像文件

要在Photoshop中打开图像文件时，可以使用下面的操作方法之一。
● 执行"文件"|"打开"命令。
● 按Ctrl+O键。
● 双击Photoshop操作区的空白处。
使用以上3种方法，可以在弹出的对话框中选择要打开的图像文件，然后单击"打开"按钮即可。

1.4.4 关闭图像文件

关闭图像文件可以执行以下操作之一：
● 执行"文件"|"关闭"命令，如果对图像做了修改，就会弹出提示对话框，询问是否保存对图像的修改。

● 单击图像文件右上方的 ⊠ 按钮。

● 按Ctrl+W组合键。

1.5 图像尺寸与分辨率

要制作高质量的图像，一定要清楚、正确地理解"分辨率"的概念。

图像分辨率是图像中每英寸像素点的数目，通常用像素／英寸（ppi）来表示。

图像分辨率常以"宽×高"的形式来表示，例如，一幅2×3的图像的分辨率是300ppi，则在此图像中宽度方向上有600个像素，在高度方向上有900个像素，图像的像素总量是600×900个。

很明显，高分辨率的图像比相同打印尺寸的低分辨率图像包含的像素多，因而图像更清楚、更细腻。图1.25所示为相同尺寸大小的情况下，不同分辨率的图像的显示效果，可以看出分辨率为10的图像看上去更模糊。

分辨率为72　　　　　　　分辨率为30　　　　　　　分辨率为10

图1.25 不同分辨率的图像显示效果

要确定所使用图像的分辨率，应先考虑图像最终的用途，不同用途，对图像设置的分辨率要求也不同。

● 如果所制作的图像用于网络，分辨率只需满足典型的显示器分辨率（72ppi或96ppi）即可。

● 如果图像用于打印、输出，则需要满足打印机或其他输出设置的要求。

● 对于印刷用图，图像分辨率应该不低于300ppi。

因此，在执行"文件"|"新建"命令创建新文件时，根据该图像的不同用途，需要在对话框的"分辨率"文本框中输入不同的数值。

如果需要改变图像尺寸，可以执行"图像"|"图像大小"命令，弹出的对话框如图1.26所示。

图1.26 "图像大小"对话框

"图像大小"对话框中的参数含义如下：

● 宽度/高度：在该文本框中输入数值，可以改变图像的尺寸。

● 分辨率：在该文本框中输入数值，可以改变图像的分辨率。

● 缩放样式：选择该复选框后，对图像进行放大或缩小时，当前图像中所应用的图层样式也会随之放大或缩小，从而使缩放后的图像效果保持不变。

● 约束比例：选择该复选框后，在改变图像宽度或高度尺寸时，它们将按照比例同时发生变化。

● 重定图像像素：选择该复选框后，在改变图像尺寸或分辨率时，图像的总像素数量将发生变化。

> **Tips 提示**
>
> 虽然分辨率越大，图像的信息越多，图像也就越清晰，但当人为地增大一幅本身并不清晰的图像的分辨率时，这幅图像的清晰程度是不会改变的。

1.6 设置图像画布尺寸

只通过执行"文件"|"新建"命令，未必能够保证我们得到符合需要的图像的画布尺寸，因此在工作中往往需要改变图像画布的尺寸。

1.6.1 使用"画布大小"命令编辑画布尺寸

前面所讲的几项操作都有很大的随意性，如果需要精确改变画布的尺寸，可以执行"图像"|"画布大小"命令，弹出的对话框如图1.27所示。

图1.27 "画布大小"对话框

对话框中的重要参数意义如下：

● 宽度、高度：直接在"宽度"与"高度"文本框中输入数值，可改变图像画布尺寸。
如果在此输入的数值大于原图像文件，则画布被扩展，图像周围出现空白区域；如
果输入的数值小于原图像文件，则Photoshop提示用户将进行裁剪，单击"继续"按
钮，即可裁剪画布，得到新的画布尺寸。

● 定位：单击"定位"选项下的控制块，可以确定画布扩展或被裁剪的方向。图1.28所
示为原图，选中"相对"选项，在"画布大小"对话框中将高度和宽度分别设置为
75px和50px，单击左上方定位块，图像向右侧或下侧扩展，画面如图1.29所示。

图1.28 原图　　　　　　　　　　　图1.29 向右侧或下侧扩展画面

Tips 提示

如果扩展后画布的尺寸大于原画布的尺寸，扩展出的画布将填充背景色，在此笔者将背
景色设置为黑色。

● 画布扩展颜色：单击 背景 右侧的下三角按钮，可以在弹出的下拉列表中选择
扩展画布后显示的颜色。如果需要得到自定义的颜色，可以单击右侧的颜色块，在弹
出的"选择画布扩展颜色"对话框中选择合适的颜色。

Tips 提示

如果图像不包含"背景"图层，则"画布扩展颜色"菜单不可用。

1.6.2 使用裁剪工具编辑画布尺寸

　　画布操作，可以在原图像大小的基础上，在图片四周增加空白部分，以便于在图像之外添加其他内容。如果画布比图像小，就会裁去图像超出画布的部分。

　　在Photoshop CS6中，裁剪工具 有了很大的变化，用户除了可以根据需要裁掉不需要的像素外，还可以使用多种网络线进行辅助裁剪、在裁剪过程中进行拉直处理以及决定是否删除被裁剪掉的像素等，其工具选项如图1.30所示。下面来讲解其中各选项的使用方法。

图1.30 裁剪工具选项条

- 裁剪比例：在此下拉菜单中，可以选择裁剪时的比例以及管理裁剪预设等功能。
- 设置自定长宽比：在此处的数值输入框中，可以输入裁剪后的宽度及高度像素数值，以精确控制图像的裁剪。
- "纵向与横向旋转裁剪框"按钮 ：单击此按钮，与在"裁剪比例"下拉菜单中选择"旋转裁剪框"命令的功能是相同的，即将当前的裁剪框逆时针旋转90°，或恢复为原始的状态。
- "拉直"按钮 ：单击此按钮后，可以在裁剪框内进行拉直校正处理，特别适合裁剪并校正倾斜的画面。
- 视图：在此下拉菜单中，可以选择裁剪图像时的显示设置，该菜单共分为3栏，如图1.31所示。
- "裁剪选项"按钮 ：单击此按钮，将弹出如图1.32所示的下拉菜单。在其中可以设置一些裁剪图像时的选项；选择"使用经典模式"模式，则使用Photoshop CS5及更旧版中的裁剪预览方式，在选中此选项后，下面的2个选项将变为不可用状态；若选择"自动居中预览"选项，则在裁剪的过程中，裁剪后的图像会自动置于画面的中央位置，以便于观看裁剪后的效果；若是选择"显示裁剪区域"选项，则在裁剪过程中，会显示被裁剪掉的区域，反之，若是取消选中该选项，则隐藏被裁剪掉的图像；选中"启用裁剪屏蔽"选项时，可以在裁剪过程中对裁剪掉的图像进行一定的屏蔽显示，在其下面的区域中可以设置屏蔽时的选项。

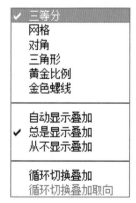

图1.31 "视图"下拉菜单　　　　图1.32 选项下拉菜单

● 删除裁剪像素：选择此选项时，在确认裁剪后，会将裁剪框以外的像素删除；反之，若是未选中此选项，则可以保留所有被裁剪掉的像素。当再次选择裁剪工具 时，只需要单击裁剪控制框上任意一个控制句柄，或执行任意的编辑裁剪框操作，即可显示被裁剪掉的像素，以便于重新编辑。

通过裁剪工具 对图像画布进行裁剪，可以得到重点突出的图像，其操作步骤如下：

① 打开所附光盘中的文件"第1章\1.6.2-使用"裁剪工具"编辑画布尺寸-素材.jpg"，将看到整个图像如图1.33所示。

② 在工具箱中选择裁剪工具 ，在图片中调整裁剪区域，如图1.34所示。

③ 按Enter键确认，裁剪后的图像如图1.35所示。

④ 如果在得到裁剪框后需要取消裁剪操作，则可以按Esc键。

图1.33 素材图像　　　　　　图1.34 调整裁剪区域　　　　　　图1.35 裁剪后的效果

1.6.3 使用透视裁剪工具改变画布

在Photoshop CS6中，过往版本中裁剪工具 上的"透视"选项被独立出来，形成一个新的透视裁剪工具 ，并提供了更为便捷的操控方式及相关选项设置，其工具选项条如图1.36所示。

图1.36 透视裁剪工具选项条

下面通过一个简单的实例，来讲解一下此工具的使用方法。

① 打开素材图像，如图1.37所示。在本例中，将针对其中变形的图像进行校正处理。

② 选择透视裁剪工具 ，沿画布边缘拖动，以绘制一个覆盖整个画布的透视裁剪框，如图1.38所示。

图1.37 素材图像

图1.38 绘制透视裁剪框

③ 将光标置于透视裁剪框右上角的控制句柄上，向左侧拖动，使裁剪框中的垂直网格与建筑相平行，如图1.39所示。

④ 按照上一步的方法，编辑左上角的控制句柄，如图1.40所示。

图1.39 编辑右上角的控制句柄

图1.40 编辑左上角的控制句柄

⑤ 确认裁剪完毕后，按Enter键确认变换，得到如图所示1.41的最终效果。

图1.41 最终效果

1.7 选择颜色并填充

在Photoshop中，设置颜色的方法比较多，而且非常精确，例如在传统绘画中，红色有朱红、大红、紫红、浅红、中国红等有限的几类，而且由于红色的纯正程度在视觉效果上因人而异，所以完全需要依靠艺术家的眼睛进行主观判断。然而在Photoshop中，红色的定义则精确了很多，我们能够使用数值来定义红色，如将深红色等于数值为C:30，M:95，Y:95，K:45的红色。由于有精确的数值保证，世界各地的人们在采用此数值时得到的红色都是一样的，从而保证了颜色的精确性。

下面来讲解几种最为常用的设置颜色的方法。

1.7.1 前景色和背景色

使用Photoshop的绘图工具进行绘图时，选择正确的绘图色至关重要。

在Photoshop中选择颜色的工作是在工具箱下方的颜色选择区中进行的，在此区域中可以分别选择前景色与背景色。前景色又称为绘图色，背景色称为画布色。工具箱下方的颜色选择区由前景色色块、背景色色块、切换前景色与背景色的转换按钮及默认前景色/背景色按钮组成，如图1.42所示。

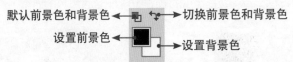

图1.42 前景色和背景色设置

- "切换前景色和背景色"按钮：单击该按钮，可以交换前景色和背景色的颜色。
- "默认前景色和背景色"按钮：单击该按钮，可以恢复为前景色为黑色、背景色为白色的默认状态。

无论单击前景色色块还是背景色色块，都可以弹出如图1.43所示的"拾色器"对话框。

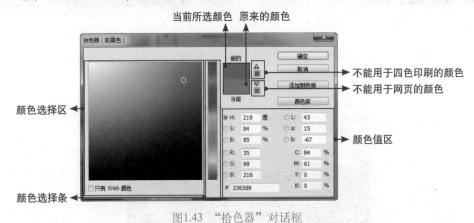

图1.43 "拾色器"对话框

在"拾色器"对话框中单击颜色选择区任何一点即可选择一种颜色，如果拖动颜色条上的三角形滑块，就可以选择不同颜色范围中的颜色。

1.7.2 指定颜色值

在了解了"拾色器"的基本组成后可以知道，我们可以通过输入精确的数值来控制颜色，比如科技蓝色通常指颜色值为C:100，M:80，Y:0，K:0的颜色，按照这样的数值在对话框中输入即可。

另外，每个颜色都具有一个十六进制的颜色值，即"拾色器"色值区左下角位置所显示的数值，如图1.44所示。在此输入颜色值，即可快速、精确地进行颜色设置，在本书中，除特别指定的情况外，所有颜色指定的都是该数值。

图1.44 "拾色器"中的十六进制色值

1.7.3 用吸管工具拾取颜色

除了使用"拾色器"对话框选择所需要的颜色外，选择颜色使用较多的还有吸管工具 。使用吸管工具 在图像中单击，读取图像的颜色，并将其设置为前景色，如果按住Alt键单击，则将颜色设置为背景色。

1.7.4 最基本的颜色填充操作

按Alt+Delete组合键或Alt+Backspace组合键可以使用前景色填充当前图像；按Ctrl+Delete组合键或Ctrl+Backspace组合键可以使用背景色填充当前图像。

1.8 纠正操作

使用Photoshop绘图的一大好处就是很容易纠正操作中的错误，它提供了许多用于纠错的命令，其中包括"文件"|"恢复"命令、"编辑"|"还原"命令、"重做"、"前进一步"和"后退一步"命令等，下面分别讲解这些命令的作用。

1.8.1 "恢复"命令

执行"文件"|"恢复"命令，可以返回到最近一次保存文件时的图像状态，但如果刚刚对文件进行过保存，则无法执行"恢复"操作。

需要注意的是，如果当前文件没有保存到磁盘，则"恢复"命令也是不可用的。

1.8.2 "还原"与"重做"命令

执行"编辑"|"还原"命令可以后退一步，执行"编辑"|"重做"命令，可以重做被执行了还原命令的操作。

两个命令交互显示在"编辑"菜单中，执行"还原"命令后，此处将显示为"重做"命令；反之，则显示为"还原"命令。

Tips 提示

由于两个命令被集成在一个命令显示区域中，故这两个命令的快捷键Ctrl+Z对于快速操作非常有好处。

1.8.3 "前进一步"和"后退一步"命令

执行"编辑"|"后退一步"命令，可以将对图像所做的操作返回一步，多次选择此命令可以一步一步取消已做的操作。

在已经执行了"编辑"|"后退一步"命令后，"编辑"|"前进一步"命令才会被激活，选择此命令，可以重做已执行过的操作。

1.8.4 使用"历史记录"面板纠错

在当前没有新建或打开任何图像的情况下，"历史记录"面板显示为空白，新建或打开了图像后，该面板就会记录用户所做的每一步操作，显示方式为"图标+操作名称"，便于用户清楚地看出当前图像曾经执行过的操作。

默认状态下，"历史记录"面板只记录最近20步的操作，要改变记录步骤，可以执行"编辑"|"首选项"|"性能"命令或按Ctrl+K组合键，在弹出的"首选项"对话框中改变默认的参数值。在进行一系列操作后，如果希望返回至某一个历史状态，只需单击该历史记录的名称即可，此时在所选历史记录后面的操作都将灰度显示，如图1.45所示。

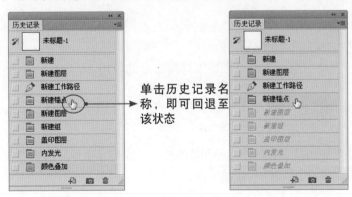

图1.45 回退至某个历史记录状态

本章小节

在本章中，主要讲解了Photoshop CS6中最基础的知识，其中包括了界面的控制、文件基本操作、纠错操作、改变图像与画布尺寸、裁剪工具 ▯ 及透视裁剪工具 ▯ 的使用方法。通常本章的学习，读者应熟悉Photoshop中的基本操作，并能够改变图像或画布的尺寸，以及使用裁剪工具 ▯ 改变图像的构图等。

课后练习

一、选择题

1. 如何才能以100%的比例显示图像？（　　）

A. 在图像上按住Alt的同时单击鼠标　　C. 双击抓手工具 ✋

B. 执行"视图丨满画布显示"命令　　D. 双击缩放工具 🔍

2. 若要校正照片中的透视问题，可以使用（　　）。

A. 裁剪工具 ▯　　C. 透视裁剪工具 ▯

B. 拉直工具 ▭　　D. 缩放工具 🔍

3. 要连续撤销多步操作，可以按（　　）键。

A. Ctrl+Alt+Z　　C. Ctrl+Z

B. Ctrl+Shift+Z　　D. Shift+Z

4. 在Photoshop中，下列哪些不是表示分辨率的单位？（　　）

A. 像素／英寸　　B. 像素／派卡　　C. 像素／厘米　　D. 像素／毫米

5. 下列关于Photoshop打开文件的操作，哪些是正确的？（　　）

A. 选择"文件丨打开"命令，在弹出的对话框中选择要打开的文件

B. 选择"文件丨最近打开文件"命令，在子菜单中选择相应的文件名

C. 如果图像是Photoshop软件创建的，直接双击图像图标

D. 将图像图标拖放到Photoshop软件图标上

6. 当选择"文件丨新建"命令，在弹出的"新建"对话框中可设定下列哪些选项？（　　）

A. 图像的高度和宽度　　B. 图像的分辨率　　C. 图像的色彩模式　　D. 图像的标尺单位

7. 下列关闭图像文件的方法，正确的是。（　　）

A. 选择"文件"｜"关闭"命令，如果对图像做了修改，就会弹出提示对话框，询问是否保存对图像的修改

B. 单击图像文件右上方的 ✕ 按钮

C. 按Ctrl+W组合键

D. 双击图像的标题栏

二、填空题

1.Photoshop中的（　　）和（　　）均可通过伸缩栏进行放大或缩小显示控制。

2.按（　　）键可以创建一个新的图像文件。

3.使用裁剪工具 選项条上的（　　）工具，可以校正照片的倾斜。

4.使用（　　）工具可以改变图像的构图。

5.使用前景色填充的快捷键是（　　），使用背景色填充的快捷键是（　　）。

三、判断题

1. Photoshop中按Shift+Tab键可以将工具箱和面板全部隐藏显示。（　　）

2. Photoshop中"图像尺寸"命令可以将图像不成比例地缩放。（　　）

3. 若是第一次保存图像，将会弹出"存储为"对话框。（　　）

4. 使用"画布尺寸"和裁剪工具 ，均可改变画布尺寸。（　　）

5. 图像尺寸与分辨率是两个相互的参数，没有任何关联。（　　）

6. 单击工具箱底部的 按钮，可以切换前景色与背景色。（　　）

四、上机操作题

1.以210mm×297mm尺寸为例，创建一个带有3mm出血的广告文件，并将其保存的"我的文档"中。

2.打开本书所附光盘中的文件"素材\第1章\习题2-素材.jpg"（图1.46），使用裁剪工具 校正图像的倾斜问题，得到如图1.47所示的效果。

　　　图1.46 素材图像　　　　　　　图1.47 校正倾斜后的效果

3. 打开本书所附光盘中的文件"素材\第1章\习题3-素材.jpg"（图1.48），使用透视裁剪工具 校正图像中的透视变形问题，得到如图1.49所示的效果。

　　　图1.48 素材图像　　　　　－　图1.49 校正变形后的效果

第2章
创建与编辑选区

在Photoshop中，选区起着举足轻重的作用。在对图像进行处理时，需要通过选区来限制要调整的图像区域，从而避免对其他图像执行误操作。甚至可以说，如果没有正确的选区操作，无论多么强大的图像处理及混合功能，都会由于缺少恰当的操作对象而变得没有意义。

2.1 了解选区的功能

正确地勾画好选区是Photoshop中各种操作的前提，我们可以简单地将选区理解为一种屏蔽，选区以外的图像被屏蔽，从而被保护，使我们无法对其进行编辑，而仅能够编辑选区内的图像。

选区的工作原理类似于给汽车喷漆时遮挡物的功用，在喷漆之前，工人总会使用各种遮挡物将不需要喷漆的地方遮住，例如车把手、玻璃窗，这样在喷漆时就可以任意喷，而不必注意是否喷到了不需要漆的地方。

如图2.1所示为原图像，在没有选区的情况下，执行"马赛克"滤镜操作会使整幅图像发生变化，如图2.2所示。而如果创建了一个选区，则会约束"马赛克"滤镜发生作用的范围在选区内部，如图2.3所示。

图2.1 原图像　　　　图2.2 无选区执行"马　　　图2.3 有选区执行"马
　　　　　　　　　　　赛克"滤镜效果　　　　　赛克"滤镜效果

对比两种执行滤镜命令的效果，就会发现选区的存在准确地约束了滤镜命令发挥作用的区域，从而使我们的操作更有的放矢。

2.2 创建选区

2.2.1 矩形选框工具

使用矩形选框工具 [] 可建立矩形选区，其操作非常简单，只要用鼠标拖过要选择的区域即可。在此需要重点讲解的是选区工具选项条"样式"下拉列表中的选项，如图2.4所示。

| [] ▼ | □ ◻ ◳ ◲ | 羽化: 0 像素 | □ 消除锯齿 | 样式: 正常 ◆ | 宽度: | ⇄ | 高度: | 调整边缘… |

图2.4 矩形选框工具选项条

此工具的使用方法较为简单，直接在图像中拖动即可得到一个矩形选区。

在工具选项条的"样式"下拉列表中有"正常"、"固定比例"和"固定大小"三个选项，默认状态下选择"正常"选项，此时利用矩形选框工具 ⬚ 可以绘制任意大小的选区，其他两个选项的作用如下：

● 固定比例：选择此选项，"宽度"和"高度"文本框将被激活，在其中输入数值可以固定选区"高度"与"宽度"的比例，此时利用矩形选框工具 ⬚ 可以创建大小不同但比例相同的选区，如图2.5所示。

● 固定大小：选择此选项后，在"宽度"和"高度"文本框中输入选区所需要的高、宽值，用矩形选框工具 ⬚ 在页面中单击，可创建固定大小的选区。如图2.6所示为选择"固定大小"选项后，按住Shift键，直接在图像中单击所创建的多个大小完全相同的选区。

图2.5 比例均为2:1的选区　　　　　　　　图2.6 创建大小固定的选区

2.2.2 选区的运算模式

工作模式是指工具选项条左侧的按钮，通过单击不同的按钮，能够以如下4种不同的工作模式制作选区：

● "新选区"按钮 ▢：单击此按钮绘制选区时，可以创建新的选区，之前存在的选区（如果存在）将被替换。

● "添加到选区"按钮 ▢：单击此按钮或按住Shift键绘制选区时，可在保留原选区的情况下，将再次绘制得到的选区添加至现有选区中，此时鼠标为 ✚ 形，如图2.7所示。

图2.7 增加矩形选区

● "从选区减去"按钮⬜：单击此按钮或按住Alt键绘制选区时，可以从已存在的选区中减去当前绘制选区与该选区的重合部分，此时鼠标为**十**形，如图2.8所示。

图2.8 从选区中减去选区效果

● "与选区交叉"按钮⬜：单击此按钮或按Alt+Shift组合键绘制选区时，可以得到新选区与已有的选区相交叉（重合）的部分，此时鼠标为**十**ₓ形，如图2.9所示。

图2.9 与原选区相交叉

2.2.3 椭圆选框工具

在所选工具图标上右击，在弹出的工具菜单中选择椭圆选框工具◯，即可创建椭圆选区，如图2.10所示为使用此工具所创建的多个椭圆选区。

图2.10 椭圆选区

选择椭圆选框工具 ◯ 后，其工具选项条如图2.11所示，其中参数与矩形选框工具 ▢ 选项条基本相同。

图2.11 椭圆选框工具选项条

2.2.4 套索工具

使用套索工具 ◯ 可以随意单击并在页面中拖动光标以创建选区，松开鼠标时，选区的首尾自动连接为一个闭合的选区。如图2.12所示是使用套索工具 ◯ 选择龙头的过程，最终得到的选区如图2.13所示。

图2.12 用套索工具创建选区

图2.13 选择龙头

Tips 提示

套索工具 ◯ 通常用于创建不太精细的选区。

2.2.5 多边形套索工具

多边形套索工具 ▽ 主要用于创建具有直边的选区，操作时在需选择对象的每个拐角处单击（图2.14），直至最后一个单击点与第一个单击点的位置重合时，得到闭合的选区，如图2.15所示。

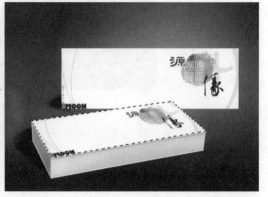

图2.14 多边形套索工具使用实例　　　　图2.15 使用多边形套索工具得到的选区

在绘制过程中，如果按Delete键，可以向前删除最近一次单击确定的选择区域拐点，从而修改最终得到的选择区域的形状。

 提示

如果无法找到第一点，在页面中双击也可以闭合选区。

使用此工具创建多边形选区时，按住Shift键拖动光标可得到水平、垂直或45°方向的选择线。按住Alt键可以暂时切换至套索工具 ♀ ，从而开始绘制任意形状的选区；释放Alt键可再次切换至多边形套索工具 ▽ 。

如图2.16所示为使用此工具创建的选择区域，如图2.17所示为此选择区域填充颜色后的效果。

图2.16 使用此工具创建的选择区域　　　　图2.17 为选区填充颜色后的效果

2.2.6 磁性套索工具

磁性套索工具 ⬚ 能自动捕捉具有反差颜色的图像的边缘，从而基于图像边缘来创建选区，因此此工具特别适合于选择背景复杂，但对象边缘对比度强烈的图像，如图2.18、图2.19所示的人物图像。

图2.18 具有强烈对比边缘的图像1　　　　图2.19 具有强烈对比边缘的图像2

要使用磁性套索工具 ⬚，可以按下述步骤操作：

① 打开随书所附光盘中的文件"第2章\2.2.6 磁性套索工具-素材.psd"，在选择图像边缘时单击以确定起始点，本例中笔者要选择的是图中的人物。

② 沿着要选择图像的边缘拖动光标，此时光标自动在颜色对比明显的地方创建选区，并将得到的选区线显示为具有小节点的线段，如图2.20所示。

③ 当光标拖至与第一点重合的位置时，光标右下角出现一个小圆，此时单击即可得到闭合选区，如图2.21所示。

图2.20 选择创建过程中　　　　图2.21 用"磁性套索工具"创建选区

④ 磁性套索工具选项条如图2.22所示，在创建选区时还需要根据实际情况对工具选项条中的参数进行设置。

图2.22 磁性套索工具选项条

磁性套索工具选项条中的重要参数解释如下：

● 宽度：在此文本框中输入数值，可以控制磁性套索工具 ⬚ 探测的图像边缘的宽度。

● 对比度：在此文本框中输入数值，可设置磁性套索工具 ⬚ 对颜色反差的敏感程度。数值越高，敏感度越低，即不容易捕捉到准确的边界点。

● 频率：在此文本框中输入数值，可以设置磁性套索工具 ⬚ 在定义选择边界线时插入节点的数量，数值越高，插入的定位节点越多，得到的选区也就越精确。

Tips 提示1

在绘制过程中按Alt键可以暂时切换至套索工具 ⬚。如果要随时闭合选区，可以按Ctrl键使光标转换形状，然后单击即可。也可以在任意位置双击以闭合选区。

Tips 提示2

在创建选区的过程中，磁性套索工具 ⬚ 会根据颜色的对比度自动添加一些节点，如果认为已创建的节点位置不正确，可以按Delete键将其删除，每按一次Delete键，可以向前删除一个节点。

2.2.7 魔棒工具

使用魔棒工具 ⬚ 能迅速在图像中选择颜色大致相同的区域，其操作非常简单，只需要用魔棒工具 ⬚ 在要选择的区域单击即可。

如图2.23所示，用魔棒工具 ⬚ 单击图像中的灰色区域，即可选择图像中所有的灰色背景；如果此时在选区中填充图案，则可以将图像背景更换为图案效果，如图2.24所示。

图2.23 用魔棒工具选择灰色背景　　　　图2.24 将背景更换为图案效果

选择魔棒工具 ⬚ 后，其工具选项条如图2.25所示。

图2.25 魔棒工具选项条

魔棒工具选项条中的重要参数解释如下：

● 容差：在此文本框中输入的数值，可控制魔棒工具 ⬚ 操作一次时的选择范围。"容差"值越大，选择的颜色范围越广。如果要精确选择某一种颜色，"容差"

应该设置得小一些。如图2.26所示是选择不同"容差"值所创建的选区，可以看出此数值越大，得到的选择区域也越大。

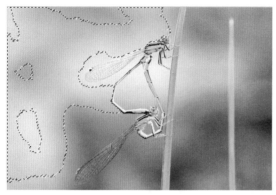 

（a）容差值：32　　　　　　　　　　　（b）容差值：10

图2.26 应用不同容差值的选择效果

● 连续：选择此选项，使用魔棒工具 仅可以选择颜色相连接的区域。如图2.27所示，用此工具单击图像中上方的黄色区域后，未选中花篮下方的黄色区域；如果不选择此选项，则可以选择整幅图像中所有相同的黄色，如图2.28所示。

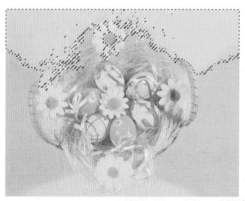 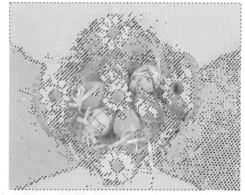

图2.27 只选择连续的黄色　　　　　　　　　图2.28 选择所有黄色

● 对所有图层取样：选择此选项，魔棒工具 可以选择所有可见图层的相同颜色；如果不选择此选项，魔棒工具 只选择当前图层中的相同颜色（关于图层的操作，请参阅本书第7章的内容）。

2.2.8 快速选择工具

快速选择工具最大的特点就是可以像使用画笔工具 一样来创建选区，此工具的选项条如图2.29所示。

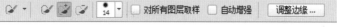

图2.29 快速选择工具选项条

快速选择工具选项条中的参数解释如下：

● 选区运算模式：限于该工具创建选区的特殊性，所以它只设定了3种选区运算模式，即"新选区" 、"添加到选区" 和"从选区减去" 。

● 画笔：单击"画笔"右侧的下三角按钮▼可调出如图2.30所示的画笔参数设置对话框，在此可以对涂抹时的画笔属性进行设置。在涂抹过程中，可以设置画笔的硬度，以便创建具有一定羽化边缘的选区。

图2.30 设置画笔参数

● 对所有图层取样：选中此选项后，将不再区分当前选择了哪个图层，而是将所有看到的图像视为在一个图层上，然后来创建选区。

● 自动增强：选中此选项后，可以在绘制选区的过程中，自动增加选区的边缘。

● 调整边缘：单击"调整边缘"按钮可以对现有的选区进行更深入的修改，从而帮助我们得到更为精确的选区，详细讲解见2.3.5节。

下面通过一个简单的实例，来讲解此工具的使用方法。

① 打开随书所附光盘中的文件"第2章\2.2.8 快速选择工具-素材.psd"，如图2.31所示。在本实例中，我们把图像中人物的背景选择出来。在选择过程中，先将人物以外的区域选择出来，然后将选区反向，即可选中人物图像。

② 单击快速选择工具 ，在其工具选项条上设置适当的参数及画笔大小，如图2.32所示。

图2.31 素材图像

图2.32 快速选择工具选项条

③ 在人物以外的区域按住鼠标不放并拖动，在拖动过程中就能够得到如图2.33所示的选区。

④ 按照上一步的方法，按Shift键或在其工具选项条上单击 按钮，继续在其他区域进行涂抹，得到如图2.34所示的选区。

图2.33 拖动创建选区 　　　　　　　　图2.34 选中外部图像

Tips 提示

仔细观察选区可以看出，我们需要选择的是人物以外的区域，但此时已经选中了部分手部，所以要将其去除。

⑤ 继续使用快速选择工具 ，按Alt键或在其工具选项条上单击 按钮，在人物肩膀上方的衣服上进行涂抹，减去该部分选区，直至得到如图2.35所示的效果。

⑥ 图2.36所示是为选区中的图像应用了"海报边缘"滤镜，并按【Ctrl+D】键取消选区后的状态。

图2.35 精确编辑选区 　　　　　　　　图2.36 反向后的选区状态

在选择大范围的图像内容时，可以利用拖动涂抹的形式进行处理，而添加或减去小范围的选区时，则可以考虑使用单击的方式进行处理。

2.2.9 "全部"命令

执行"选择"|"全部"命令或者按Ctrl+A组合键，可以将图像中的所有像素（包括透明像素）选中。在此情况下，图像四周显示浮动的黑白线，如图2.37所示就是执行全选操作前后的效果对比。

图2.37 执行全选操作前后的效果对比

2.2.10 "色彩范围"命令

相对于魔棒工具 而言，执行"选择"|"色彩范围"命令虽然与其操作原理相同，但功能更为强大，可操作性也更强。使用此命令可以从图像中一次得到一种颜色或几种颜色的选区。

执行"选择"|"色彩范围"命令，将弹出类似图2.38所示的对话框。

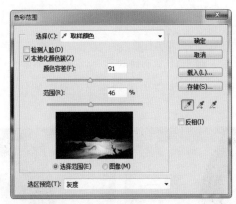

图2.38 "色彩范围"对话框

"色彩范围"对话框中的重要参数含义如下：

● 颜色吸管：选择吸管工具 ，单击图像中要选择的颜色区域，则该区域内所有相同的颜色将被选中。如果需要选择不同的几个颜色区域，可以在选择一种颜色后，选择"添加到取样" 单击其他需要选择的颜色区域。如果需要在已有的选区中去除某部分选区，可以选择"从取样中减去" 单击其他需要去除的颜色区域。

● 本地化颜色簇：如果希望精确控制选择区域的大小，选择"本地化颜色簇"选项，此选项被选中的情况下，"范围"滑块将被激活。

● 颜色容差：如果要在当前选择的基础上扩大选区，可以将"颜色容差"滑块向右侧滑动，以扩大"颜色容差"数值。

● 反相：选择"反相"选项，可以将当前选区反选。

● 选择范围、图像：利用"选择范围"和"图像"单选按钮可指定预览窗口中的图像显示方式。

● 选区预览："选区预览"下拉列表表示指定图像窗口（不是预览窗口）中的图像选择预览方式。默认情况下，其设置为"无"，即不在图像窗口显示选择效果。若选择"灰度"、"黑色杂边"和"白色杂边"选项，则分别表示以灰色调、黑色或白色显示未选区域。若选择"快速蒙版"选项，表示以预设的蒙版颜色显示未选区域。

● 检测人脸：在Photoshop CS6中，在"色彩范围"命令中新增了检测人脸功能，从而可以在使用此命令创建选区时，自动根据检测到的人脸进行选择，在人像摄影处理或日常修饰人物的皮肤时非常有用。

下面将通过一个简单的实例，来讲解"检测人脸"功能的使用方法。

Tips 提示

要启用"人脸检测"功能，必须选中"本地化颜色簇"选项。

① 打开随书所附光盘中的文件"第2章\实战36-素材.jpg"。在本例中，将选中人物的皮肤，并进行高亮处理，使其皮肤显得更加白皙。

② 执行"选择" | "色彩范围"命令，在弹出的对话框中的人物面部位置单击，然后选中"本地化颜色簇"和"人脸检测"选项，并调整"颜色容差"及"范围"参数，此时Photoshop将自动识别照片中的人脸，并将其选中，如图2.39所示。

③ 由于照片中选中了人物皮肤以外的图像，因此可以按住Alt键在不希望选中的人物以外的区域单击，以减去这些区域，如图2.40所示。

图2.39 选中人脸

图2.40 减去多余的区域

Tips 提示

由于减去选择区域，将影响对人物皮肤的选择，因此在操作时要注意平衡二者之间的关系。

④ 确认选择完毕后，单击"确定"按钮退出对话框，得到如图2.41所示的选区。

图2.42所示是使用"曲线"命令，然后对选中的人物的皮肤进行提亮处理，并按Ctrl+D键取消选区后的状态。

图2.41 创建得到的选区　　　　　　　　　图2.42 调整图像后的效果

2.3 编辑选区

2.3.1 调整选区的位置

要移动选区的位置，可以按下述步骤操作：

① 在工具箱中选择任意一种选框工具。

② 将光标置于选区内。

③ 待光标的形状变为 ⯈⯈ 时拖动选区，即可移动选区。移动选区的操作过程如图2.43所示。

图2.43 移动选区

Tips 提示

如果在移动时按住Shift键，则只能将选区沿水平、垂直或45°方向移动。按键盘上的方向键，可以按1个像素的增量移动选区。按住Shift键和键盘上的方向键，可以按10个像素的增量移动选区。

2.3.2 反向选择

执行"选择"|"反向"命令，可以在图像中，使选区成为非选区，而非选区则成为选区。

如果需要选择的对象本身非常复杂，而其背景较为单纯，则可以执行此命令。例如，要选择图中的鞋图像，可以先设置一个较合适的"容差"数值，再使用魔棒工具 选择其四周的蓝白色，如图2.44所示，然后执行"选择"|"反向"命令，即可得到如图2.45所示的选区。

图2.44 原选区　　　　　　　　　　　　图2.45 反选后的选区

2.3.3 取消当前选区

创建选区后执行"选择"|"取消选择"命令或按Ctrl+D键，可取消选区。

如果执行"选择"|"反向"命令或按Ctrl+Shift+I键，可以选择当前选区以外的区域，如图2.46所示为原选择区域。执行反选操作后，则可以选择鸽子以外的图像，如图2.47所示。

图2.46 原选区　　　　　　　　　　　　图2.47 反选后的选区

2.3.4 为选区添加羽化——"羽化"命令

如果要使矩形选框工具 、椭圆选框工具 等工具创建的选择区域具有羽化效果，必须在绘制选区前，在各个工具的工具选项条中输入"羽化"数值。

如果在创建选区后在"羽化半径"文本框中输入数值，该选区不会受到影响，此数值仅对以后创建的选区有效。

如果希望使已存在的选区羽化，可以执行"选择"|"修改"|"羽化"命令，在弹出的对话框中输入"羽化半径"数值，如图2.48所示。

图2.48 "羽化选区"对话框

以图2.49所示的波浪形选区为例，图2.50所示是为选区添加20像素的羽化，并将其反向后填充白色得到的效果。由于羽化参数的作用，得到了边缘非常柔和边框效果。

图2.49 原选区　　　　　　　　图1.50 羽化并填充后的效果

2.3.5 综合性选区调整——"调整边缘"命令

创建一个选区，执行"选择"|"调整边缘"命令，或在各个选区绘制工具的工具选项条上单击"调整边缘"按钮，即可调出其对话框，如图2.51所示。

以图2.52所示的图像为例，其中已经沿人物头发边缘绘制了一个选项，下面将在此基础上，分别来讲解一下"调整边缘"对话框中各个参数的含义。

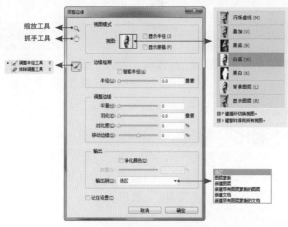

图2.51 "调整边缘"对话框　　　　　　　图2.52 素材图像

1. 视图模式

此区域中的各参数解释如下：

● 视图列表：在此列表中，Photoshop依据当前处理的图像生成了实时的预览效果，以满足不同的观看需求。根据此列表底部的提示，按F键可以在各个视频之间进行切换，按X键则只显示原图。

● 显示半径：选中此复选框后，将根据下面所设置的"半径"数值，仅显示半径范围以内的图像，如图2.53所示。

图2.53 显示半径范围以内的图像状态

● 显示原稿：选中此复选框后，将依据原选区的状态及所设置的视图模式进行显示。

2. 边缘检测

此区域中的各参数解释如下：

● 半径：此处可以设置检测边缘时的范围。

● 智能半径：选中此复选框后，将依据当前图像的边缘自动进行取舍，以获得更精确的选择结果。以图2.54所示的参数进行设置后，选中此选项前后的效果对比，如图2.55所示。

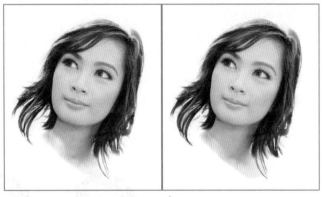

图2.54 选中"智能半径"选项　　　　图2.55 选中"智能半径"前后的效果对比

3.调整边缘

此区域中的各参数解释如下：

● 平滑：当创建的选区边缘非常生硬，甚至有明显的锯齿时，可使用此选项来进行柔化处理，如图2.56所示。

● 羽化：此参数与"羽化"命令的功能基本相同，都是用来柔化选区边缘的。

● 对比度：设置此参数可以调整边缘的虚化程度，数值越大，则边缘的锐化越明显。通常可以帮助用户创建比较精确的选区，如图2.57所示。

图2.56 设置"平滑"数值前后的效果对比　　图2.57 设置"对比度"数值前后的效果对比

● 移动边缘：该参数与"收缩"和"扩展"命令的功能基本相同，向左侧拖动滑块可以收缩选区，而向右侧拖动则可以扩展选区。

4.输出

此区域中的各参数解释如下：

● 净化颜色：选择此复选框后，下面的"数量"滑块被激活，拖动调整其数值，可以去除选择后的图像边缘的杂色。

● 输出到：在此下拉列表中，可以选择输出的结果。

5.工具

此区域中的各参数解释如下：

● 缩放工具：使用此工具可以缩放图像的显示比例。

● 抓手工具：使用此工具可以查看不同的图像区域。

● 调整半径工具：使用此工具可以编辑检测边缘时的半径，以放大或缩小选择的范围。

● 抹除调整工具：使用此工具可以擦除部分多余的选择结果。当然，在擦除过程中，Photoshop仍然会自动对擦除后的图像进行智能优化，以得到更好的选择结果。

图2.58所示就是使用调整半径工具对人物右下方的头发进行编辑前后的效果对比。

图2.58 调整头发显示范围前后的对比

本章小节

在本章中，主要讲解了Photoshop中使用工具、命令等创建与编辑选区的方法，通过本章的学习，读者应掌握常用的选区创建工具与命令，配合各种选区编辑功能，实现简单的图像抠选处理操作。

课后练习

一、选择题

1. 下列哪个选区创建工具可以"用于所有图层"？（   ）

A. 魔棒工具   B. 矩形选框工具   C. 椭圆选框工具   D. 套索工具

2. 快速选择工具在创建选区时，其涂抹方式类似于（   ）。

A. 魔棒工具   B. 画笔工具   C. 渐变工具   D. 矩形选框工具

3. 取消选区操作的快捷键是（   ）。

A. Ctrl+A   B. Ctrl+B   C. Ctrl+D   D. Ctrl+Shift+D

4. 在使用"色彩范围"命令的"人脸检测"选项前，应先（   ）。

A. 选中"本地化颜色簇"选项   B. 选择"选择范围"选项

C. 设置"颜色容差"为100   D. 设置"范围"为100%

5. Adobe Photoshop中，下列哪些途径可以创建选区？（   ）

A. 利用磁性套索工具   B. 利用Alpha通道   C. 魔棒工具   D. 利用选择菜单中的"色彩范围"命令

6. 下面是使用椭圆选框工具创建选区时常用到的功能，请问哪些是正确的?（   ）

A. 按住Alt键的同时拖拉鼠标可得到正圆形的选区

B. 按住Shift键的同时拖拉鼠标可得到正圆形的选区

C. 按住Alt键可形成以鼠标的落点为中心的椭圆形选区

D. 按住Shift键使选择区域以鼠标的落点为中心向四周扩散

7. 下列哪个工具可以方便地选择连续的、颜色相似的区域？（   ）

A. 矩形选框工具   B. 快速选择工具   C. 魔棒工具   D. 磁性套索工具

8. 下列哪些操作可以实现选区的羽化？（   ）

A. 如果使用矩形选框工具，可以先在其工具选项栏中设定"羽化"数值，然后再在图像中拖拉创建选区

B. 如果使用魔棒工具，可以先在其工具选项栏中设定"羽化"数值，然后在图像中单击创建选区

C. 在创建选区后，在矩形选框工具或椭圆选框工具的选项条上设置

D. 对于已经创建好的选区，可通过执行"选择 | 修改 | 羽化"命令来实现羽化

9. 下列哪些工具可以在工具选项栏中使用选区模式？（　　）

A. 魔棒工具 B. 矩形选框工具 C. 椭圆选框工具 D. 多边形套索工具

10. 以下可以制作不规则型选区的工具是。（　　）

A. 套索工具 B. 矩形选框工具 C. 多边形套索工具 D. 磁性套索工具

二、判断题

1. 在使用套索工具 时，在任意处释放鼠标左键，即可将选区闭合。（　　）

2. 在执行"全选"操作后，只能按Ctrl+D键取消选区。（　　）

3. 在工具选项条中设置了羽化并绘制得到的选区，就不能再执行"选择丨修改丨羽化"命令对其进行二次羽化处理了。（　　）

4. 使用矩形选框工具 可以精确创建50×50像素的选区。（　　）

5. 在当前存在选区的情况下，无法使用"色彩范围"命令。（　　）

三、上机操作题

1. 打开随书所附光盘中的文件"第2章\习题1-素材1.psd"（图2.59），在其中绘制一个圆形选区并羽化。再打开随书所附光盘中的文件"第2章\习题1-素材2.jpg"（图2.60），全选、复制该图像，返回至素材1中，然后执行"编辑丨贴入"命令，将其粘至选中，得到类似如图2.61所示的效果。

图2.59 打开素材1　　　　图2.60 打开素材2　　　　　　图2.61 最终效果

2. 打开随书所附光盘中的文件"素材\第2章\习题2-素材.jpg"（图2.62），执行"色彩范围"命令将其中的火焰图像抠选出来，如图2.63所示。

图2.62 素材图像　　　　　　　　　　图2.63 抠选后的效果

3. 打开随书所附光盘中的文件"第2章\习题3-素材.jpg"（图2.64），试使用本章讲解的功能将
   其抠选出来，然后为玩具以外的图像填充白色，得到如图2.65所示的效果。

图2.64 素材图像   图2.65 最终效果

4. 打开随书所附光盘中的文件"素材\第2章\习题4-素材.jpg"（图2.66），结合磁性套索工
   具 和"调整边缘"命令，将其中的人物抠选出来，如图2.67所示。

图2.66 素材图像   图2.67 最终效果

第 3 章

调整图像色彩

Photoshop提供了很多用于图像颜色调整的命令，用户可以根据需要对图像中的颜色进行色相、饱和度及亮度等多方面的调整。例如，既能减少颜色也能叠加颜色的"色彩平衡"命令，用于对图像进行高级处理的"色阶"和"曲线"命令，以及"去色"、"反相"等可以快速编辑图像颜色的命令。

本章将对Photoshop中的图像颜色调整命令逐一进行详细的讲解与剖析。

3.1 "反相"命令

按Ctrl+I组合键或执行"图像"|"调整"|"反相"命令，可反相图像的色彩，即将图像中的颜色改变为其补色，此命令没有参数和选项可设置。如图3.1所示是反相图像色彩前后的效果对比。

图3.1 选择"反相"命令前后的效果对比

如果当前图像存在选区，可以仅仅反相选区中图像的色彩。

3.2 "去色"命令

如果要制作复古的照片，去掉图像的色彩，仅保留图像的明暗度，可以执行"图像"|"调整"|"去色"命令，制作灰度图像。

为了更突出图像的重点，将彩色图像的某一部分转变为灰色调图像，是广告设计中常用的手法。其方法是先用创建选区工具将这部分图像选中，然后按Ctrl+Shift+U组合键或者执行"图像"|"调整"|"去色"命令，如图3.2所示为原图像及去色后得到的图像效果。

图3.2 原图像及去色后的效果典型实例

3.3 "亮度/对比度"命令

选择"亮度/对比度"命令可以方便快捷地调整图像的明暗度，其操作方法如下：

① 打开要调整的图像，即随书所附光盘中的文件"第3章\3.3 亮度／对比度命令-素材.jpg"，如图3.3所示。执行"图像"|"调整"|"亮度/对比度"命令，弹出如图3.4所示的对话框。

图3.3 素材图像　　　　　　　　　　图3.4 "亮度/对比度"对话框

② "亮度/对比度"对话框如图3.5所示，拖动对话框中的滑块可以对其参数进行调整。

● 亮度：用于调整图像的亮度。数值为正时，增加图像亮度；数值为负时，降低图像的亮度。

● 对比度：用于调整图像的对比度。数值为正时，增加图像的对比度；数值为负时，降低图像的对比度。

③ 设置参数后单击"确定"按钮，图像明暗度则发生相应的改变，如图3.6所示。

图3.5 图像调整所使用的参数　　　　　图3.6 调整后的图像效果

在Photoshop CS6中，"亮度/对比度"命令还新增了一个"自动"按钮，单击此按钮后，即可自动针对当前的图像进行亮度及对比度的调整。

3.4 "阴影/高光"命令

"阴影/高光"命令专门用于处理在拍摄中由于用光不当而导致局部过亮或过暗的照片。选择"图像"|"调整"|"阴影/高光"命令，弹出如图3.7所示的"阴影/高光"对话框。

图3.7 "阴影/高光"对话框

- 阴影：拖动"数量"滑块或者在文本框中输入相应的数值，可以改变暗部区域的明亮程度。其中，数值越大（即滑块的位置越偏向右侧），则调整后的图像的暗部区域也会越亮。
- 高光：拖动"数量"滑块或者在文本框中输入相应的数值，可以改变高亮区域的明亮程度。其中，数值越大（即滑块的位置越偏向右侧），则调整后的图像的高亮区域也会越暗。

如图3.8所示为原图像，如图3.9所示为执行"阴影/高光"命令后的效果。

图3.8 原图像   图3.9 执行"阴影/高光"命令后的效果

3.5 "自然饱和度"命令

使用"自然饱和度"调整图像色彩时，可以使图像颜色的饱和度不会溢出，换而言之，此命令可以仅调整与已饱和的颜色相比，那些不饱和的颜色的饱和度。此命令可以说是调整风景图像色彩的专用功能。

执行"图像"|"调整"|"自然饱和度"命令，弹出的对话框如图3.10所示。

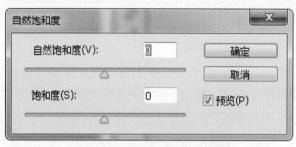

图3.10 "自然饱和度"对话框

● 拖动"自然饱和度"滑块可以调整那些与已饱和的颜色相比，不饱和颜色的饱和度，从而获得更加柔和、自然的图像效果。

● 拖动"饱和度"滑块可以调整图像中所有颜色的饱和度，使所有颜色获得等量的饱和度调整，因此使用此滑块可能导致图像的局部颜色过度饱和。

使用此命令调整风景照片时，可以防止风景图像过度饱和。如图3.11所示的是原图像，如图3.12所示是使用"自然饱和度"命令调整后的效果，如图3.13所示则是使用"色相/饱和度"命令提高图像饱和度时的效果，通过对比可以看出，此命令在调整颜色饱和度方面的优势。

图3.11 原图像　　图3.12 使用"自然饱和度"　　图3.13 使用"色相/饱和度"
　　　　　　　　　　命令调整的结果　　　　　　　　命令调整的结果

3.6 "色相/饱和度"命令

利用"色相/饱和度"命令不但可以调整整幅图像的色相及饱和度，还可以分别调整图像中不同颜色的色相及饱和度，其操作步骤如下：

① 打开随书所附光盘中的文件"第3章\3.6 色相饱和度命令-素材.jpg"，如图3.14所示。按Ctrl+U键或执行"图像"|"调整"|"色相/饱和度"命令，弹出如图3.15所示的对话框。

图3.14 要调整的图像

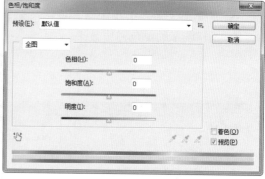

图3.15 "色相/饱和度"对话框

② 在"全图"下拉列表中选择要调整的颜色。

● 全图：选择此选项，将同时调整图像中所有的颜色。

● 源色：选择"红色"、"黄色"、"绿色"、"青色"、"蓝色"和"洋红"中的一种，仅调整图像中相应的颜色。如图3.16所示为使用此命令调整图像中蓝色成分时所使用的命令参数，如图3.17所示为调整后的效果。

图3.16 源图像调整时的参数

图3.17 调整后的效果

③ 根据需要选择对话框右下方的吸管工具 ，在图像中定义要调整的颜色。如果需要同时调整多种颜色，则单击图像中该颜色区域，将此颜色加至要调整的颜色中，取得更大的图像调整范围。反之，则单击图像中的颜色以减去单击处图像的颜色，减小图像颜色的调整范围。

④ 拖动对话框中的3个滑块和单击拖动调整工具 ，可以调整图像的色相、饱和度及亮度。

● 色相：用于调整图像颜色的色彩。

● 饱和度：用于调整图像颜色的饱和度。数值为正时，加深颜色的饱和度；数值为负时，降低颜色的饱和度，如果数值为－100，调整的颜色将变为灰度。

● 明度：用于调整图像颜色的亮度。

● 拖动调整工具 ：在对话框中选择此工具后，在图像中单击某一种，并在图像中向左或向右拖动，可以减少或增加包含所单击像素的颜色范围的饱和度；如果在执行此操作时按住Ctrl键，则左右拖动可以改变对应区域的色相。

⑤ 如果需要单色效果图像，选中"着色"复选框，并设置适当的参数，即可得到如图3.18所示的单色图像效果。

图3.18 为图像重新着色时的对话框及得到的图像效果

⑥ 设置完选项后单击"确定"按钮，即可得到需要的图像效果。

在Photoshop CS6中，"色相/饱和度"命令同样可以使用预设调整功能，例如，以图3.19所示的图像为例，如图3.20所示是使用其中不同预设调整得到的效果对比。

图3.19 素材图像　　　　　　　　图3.20 使用不同预设调整得到的效果对比

3.7 "色彩平衡"命令

使用"色彩平衡"命令可以增加某一种颜色，或减少该颜色的补色，达到去除该颜色的目的，另外，也可以使用此命令为图像叠加各种颜色。

3.7.1 校正图像偏色

在本小节中,我们将校正一幅偏蓝色的图像,使其恢复原来的颜色。

① 打开随书所附光盘中的文件"第3章\3.7.1 校正图像偏色-素材.jpg",如图3.21所示。

② 按Ctrl+B键或执行"图像"|"调整"|"色彩平衡"命令,弹出如图3.22所示的对话框。

图3.21 素材图像

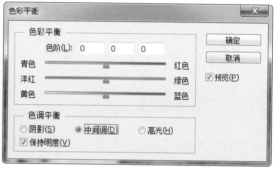

图3.22 "色彩平衡"对话框

"色彩平衡"对话框中各参数的解释如下:

● 阴影:选择此选项,调整图像阴影部分的颜色。

● 中间调:选择此选项,调整图像中间调的颜色。

● 高光:选择此选项,调整图像高亮部分的颜色。

● 保持明度:选择此选项,可以保持图像原来的亮度,即在操作时仅有颜色值被改变,像素的亮度值不变。

③ 选择"中间调"选项,向右拖动"青色-红色"滑块至如图3.23所示的状态,以去除图像中的蓝色,此时图像的效果如图3.24所示。

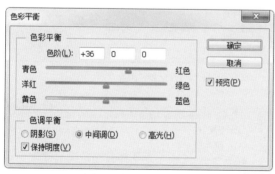

图3.23 "色彩平衡"对话框

图3.24 去除蓝色后的效果

④ 选择"阴影"选项,分别拖动各个滑块(图3.25),以去除图像中的青色,使图像整体颜色看起来更为饱满,如图3.26所示。

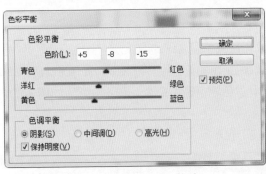

图3.25 "色彩平衡"对话框

图3.26 最终效果

⑤ 确认调整完毕后，单击"确定"按钮关闭对话框即可。

3.7.2 为图像着色

当我们使用"色彩平衡"命令为图像增加了"过量"的颜色时，也可以达到一定的着色效果。例如，我们常见的金黄色就可以使用此命令快速、方便地制作出来，其操作方法如下：

① 打开随书所附光盘中的文件"第3章\ 3.7.2 为图像着色-素材.jpg"，如图3.27所示。

② 按Ctrl+B键应用"色彩平衡"命令，在弹出的对话框中分别选择"阴影"、"中间调"和"高光"选项，并在其中分别进行设置，如图3.28~图3.30所示。

图3.27 素材图像

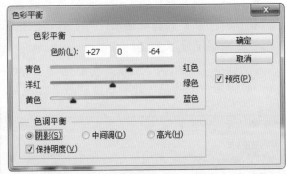

图3.28 选择"阴影"选项

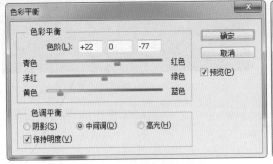

图3.29 选择"中间调"选项

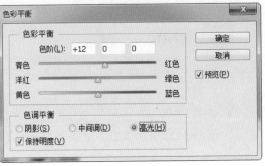

图3.30 选择"高光"选项

③ 单击"确定"按钮关闭对话框，得到的最终效果如图3.31所示。

图3.31 最终效果

Tips 提示

上面应用的"色彩平衡"命令是我们在为图像叠加金黄色时常用到的设置，读者也可以在此基础上根据需要进行调整，从而得到合适的金黄色。

3.8 "照片滤镜"命令

"照片滤镜"命令用于模拟传统光学滤镜特效，能够使照片呈现暖色调、冷色调及其他颜色的色调，打开随书所附光盘中的文件"第3章\3.8'照片滤镜'命令-素材.tif"，选择"图像"|"调整"|"照片滤镜"命令后，弹出如图3.32所示的对话框。

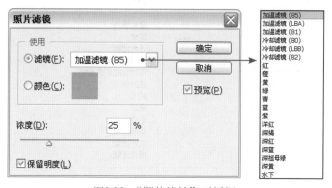

图3.32 "照片滤镜"对话框

下面介绍此对话框中较为重要的选项：

● 滤镜：在该下拉列表中有多达20种预设选项，用户可以根据需要选择合适的选项，以对图像进行调节。

● 颜色：如果希望照片呈现其他颜色的色调，即可在"滤镜"下拉列表中选择相应的颜色选项，如"红"、"黄"等，也可以选择"颜色"单选按钮，并单击其右侧的色块，在弹出的"拾色器"对话框中选择一种颜色。

● 浓度：通过调整此数值，可以调整照片色调的浓淡度，此数值越大，照片具有的目标
色调的浓度也越大。

● 保留明度：在调整颜色的同时保持原图像的亮度。

如图3.33所示为原图像，如图3.34所示为经过调整后色调偏暖的照片效果，如图3.35所示为经过调整后色调偏冷的照片效果。

图3.33 原图像　　　图3.34 偏暖色调的照片　　　图3.35 偏冷色调的照片

3.9 "黑白"命令

"黑白"可以将图像处理为灰度图像效果，也可以选择一种颜色，将图像处理为单一色彩的图像。执行"图像"|"调整"|"黑白"命令，即可弹出如图3.36所示的对话框。

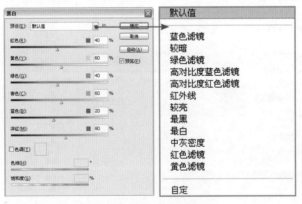

图3.36 "黑白"对话框

在"黑白"对话框中，各参数的解释如下：

● 预设：在此下拉列表中，可以选择Photoshop自带的多种图像处理方案，从而将图像
处理成为不同程度的灰度效果。

● 颜色设置：在对话框中间的位置有6个滑块，分别拖动各个滑块，即可对原图像中对
应色彩的图像进行灰度处理。

● 色调：选择该选项后，位于对话框底部的2个色条及右侧的色块将被激活，如图3.37

所示。其中2个色条分别代表了"色相"与"饱和度"，在其中调整出一个要叠加到图像上的颜色，即可轻松地完成对图像的着色操作。另外，我们也可以直接单击右侧的颜色块，在弹出的"选择目标颜色"对话框中选择一个需要的颜色。

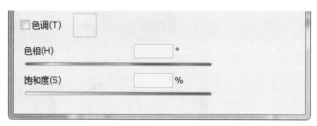

图3.37 激活后的色彩调整区

下面将通过一个实例讲解此命令的方法：

① 打开随书所附光盘中的文件"第3章\3.9 黑白命令-素材.psd"，如图3.38所示。在本例中，将使用"黑白"命令先制作灰度图像，再为图像叠加颜色，从而处理得到艺术化的摄影图像效果。

② 按【Ctrl+Alt+Shift+B】组合键或选择"图像"|"调整"|"黑白"命令，弹出"黑白"对话框，可以在"预设"下拉列表中选择一种处理方案，如图3.39所示，此时图像的预览效果如图3.40所示。

图3.38 素材图像　　　　　图3.39 选择预设　　　　　图3.40 预览效果

③ 也可以直接在中间的颜色设置区域中拖动各个滑块，以调整图像的效果。

Tips 提示

至此，我们已经将图像完全地处理成为满意的灰度效果，下面我们继续在此基础上为图像叠加一种艺术化的色彩。

④ 选中对话框底部的"色调"复选框，此时下面的颜色设置区域将被激活，分别拖动"色相"及"饱和度"滑块，同时预览图像的效果，直至满意为止。如图3.41所示为调整的颜色参数，如图3.42所示是得到的图像效果。如图3.43所示是另一种着色后的效果，读者可以尝试制作。

图3.41 "黑白"对话框

图3.42 着色后的效果

图3.43 另一种着色效果

3.10 "色阶"命令

使用"色阶"命令,用户可以随意控制图像的明暗对比度。在调整图像的色彩时,此命令很常用,其具体操作步骤如下:

① 打开要的调整图像。

② 按Ctrl+L键或执行"图像"|"调整"|"色阶"命令,弹出如图3.44所示的"色阶"对话框。

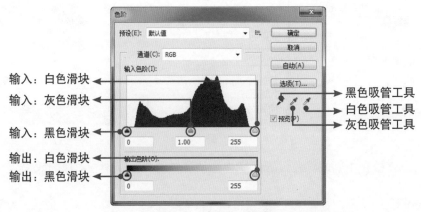

图3.44 "色阶"对话框

在"色阶"对话框中,拖动"输入色阶"直方图下面的滑块或在对应文本框中输入参数值,以改变图像的高光、中间调或暗调,从而增加图像的对比度。

● 向左拖动"输入色阶"中的白色滑块或灰色滑块,可以使图像变亮。以图3.45所示的图像为例,图3.46所示是调亮图像后的效果。

● 向右拖动"输入色阶"中的黑色滑块或灰色滑块,可以使图像变暗,如图3.47所示。

图3.45 原图像　　　　图3.46 调亮后的效果　　　　图3.47 调暗后的效果

- 向左拖动"输出色阶"中的白色滑块，可降低图像亮部对比度，从而使图像变暗。
- 向右拖动"输出色阶"中的黑色滑块，可降低图像暗部对比度，从而使图像变亮。

③ 选择对话框中的吸管工具 ，并在图像中单击取样，可以通过重新设置图像的黑场、白场或灰点来调整图像的明暗。

- 使用设置黑场工具 在图像中单击，可以使图像基于单击处的色值变暗。
- 使用设置白场工具 在图像中单击，可以使图像基于单击处的色值变亮。
- 使用设置灰场工具 在图像中单击，可以在图像中减去单击处的色调，以减弱图像的偏色。

④ 在此下拉列表中选择要调整的通道名称。如果当前图像是RGB颜色模式，"通道"下拉列表中包括RGB、红、绿和蓝4个选项；如果当前图像是CMYK颜色模式，"通道"下拉列表中包括CMYK、青色、洋红、黄色和黑色5个选项。在本实例中，我们将对通道RGB进行调整。

Tips 提示

为保证图像色彩在印刷时的准确性，我们需要定义一下黑、白场的详细数值。

⑤ 首先来定义白场。双击"色阶"对话框中的设置白场工具 ，在弹出的"选择目标高光颜色"对话框中设置数值为（R：244，G：244，B：244），如图3.48所示。单击"确定"按钮关闭对话框，此时我们再定义白场时，则以该颜色作为图像中的最亮色。

⑥ 下面来定义黑场。双击"色阶"对话框中的设置黑场工具 ，在弹出的"选择目标阴影颜色"对话框中设置数值为（R：10，G：10，B：10），如图3.49所示。单击"确定"按钮关闭对话框，此时我们再定义黑场时，则以该颜色作为图像中的最暗色。

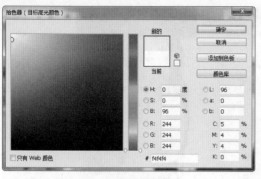

图3.48 定义白场颜色　　　　图3.49 定义黑场颜色

3.11 "曲线"命令

"曲线"命令是Photoshop中最强大且调整效果最精确的命令之一，使用此命令不仅可以调整图像整体的色调，还可以精确地控制多个色调区域的明暗度及色调，应用非常广泛。使用此命令调整图像的操作步骤如下：

① 打开随书所附光盘中的文件"第3章\3.11 曲线命令-素材.jpg"，按Ctrl+M组合键或执行"图像"|"调整"|"曲线"命令，弹出如图3.50所示的"曲线"对话框。

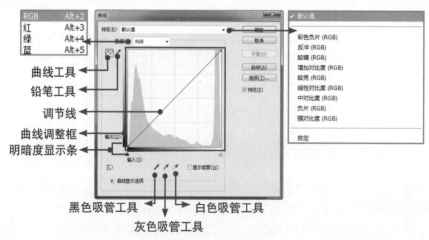

图3.50 "曲线"对话框

"曲线"对话框中的参数解释如下：

● 预设：除了可以手工编辑曲线来调整图像外，还可以直接在"预设"下拉列表中选择一个Photoshop自带的调整选项。

● 通道：与"色阶"命令相同，在不同的颜色模式下，该下拉列表将显示不同的选项。

● 曲线调整框：该区域用于显示当前对曲线所进行的修改，按住Alt键在该区域中单击，可以增加网格的显示数量，从而便于对图像进行精确的调整。

● 明暗度显示条：即曲线调整框左侧和底部的渐变条。横向的显示条为图像在调整前的明暗度状态，纵向的显示条为图像在调整后的明暗度状态。如图3.51所示为分别向上和向下拖动节点时，该点图像在调整前后的对应关系。

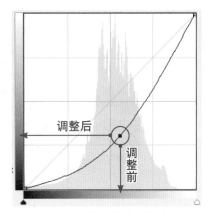

图3.51 节点的对应关系

● 调节线：在该直线上可以添加最多不超过14个节点，当鼠标置于节点上并变为✛状态时，就可以拖动该节点对图像进行调整。要删除节点，可以选中并将节点拖至对话框外部，或在选中节点的情况下，按Delete键即可。

● "编辑点以修改曲线" [∿]：使用该工具可以在调节线上添加控制点，将以曲线方式调整调节线。

● "通过绘制来修改曲线" [✎]：使用该工具可以用手绘方式在曲线调整框中绘制曲线。

● 平滑：当使用"通过绘制来修改曲线" [✎] 绘制曲线时，该按钮才会被激活，单击该按钮，可以让所绘制的曲线变得更加平滑。

② 在"通道"下拉列表中选择要调整的通道名称。

③ 默认情况下，未调整前图像"输入"与"输出"值相同，因此在"曲线"对话框中表现为一条直线，如图3.52所示（红线所标示的位置）。

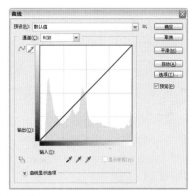

图3.52 原图像及"曲线"对话框

④ 在直线上单击，以增加一个变换控制点，向上拖动此节点，即可调整图像对应色调的明暗度，如图3.53所示。

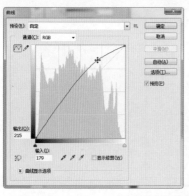

图3.53 调整"曲线"对话框及图像效果

⑤ 如果需要调整多个区域，可以在直线上单击多次，以添加多个变换控制点。对于不需要的变换控制点，可以按住Ctrl键单击此点将其删除。如图3.54所示为多次添加控制点并调整后得到的图像效果。

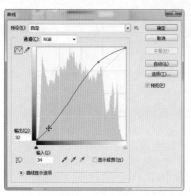

图3.54 多次添加控制点并调整后的图像效果

⑥ 如果需要随意状态的曲线，可以单击"曲线"对话框左侧的"通过绘制来修改曲线"按钮 ，然后在曲线调整框中拖动鼠标即可。绘制的曲线形状越不规则，色彩的明暗变化越强烈，如图3.55所示。

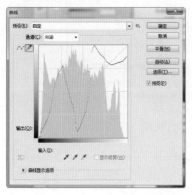

图3.55 手绘曲线改变图像的明暗度

⑦ 用对话框中的取样吸管定义图像的黑场、白场或灰点，其应用方法及意义与"色阶"对话框中的一样，在此不再赘述。

⑧ 选择对话框中的存储命令，在弹出的对话框中输入一个文件名，以将当前使用的调整曲线保存为一个文件（如果需要对成批图像进行处理，则需要执行此步骤）。

⑨ 设置好对话框中的参数后，单击"确定"按钮，即可完成图像的调整操作。

另外，使用拖动调整工具 可以在图像中通过拖动的方式快速调整图像的色彩及亮度。如图3.56所示是选择拖动调整工具 后，在要调整的图像位置摆放鼠标时的状态。如图3.57所示，由于当前摆放鼠标的位置显得曝光不足，所以将向上拖动鼠标以提亮图像，此时的"曲线"对话框如图3.58所示。

图3.56 摆放光标位置

图3.57 向上拖动鼠标以提亮图像

在上面所处理图像的基础上，再将光标置于阴影区域要调整的位置，如图3.59所示。按照前面所述的方法，此时将向下拖动鼠标以调整阴影区域，如图3.60所示。此时的"曲线"对话框如图3.61所示。

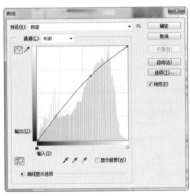
图3.58 "曲线"对话框

图3.59 摆放光标位置

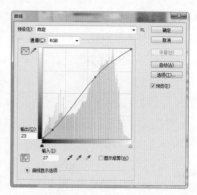

图3.60 向下拖动鼠标以调整阴影区域　　　图3.61 "曲线"对话框

　　通过上面的实例可以看出，拖动调整工具 🖑 只不过是在操作的方法上有所不同，而在调整的原理上是没有任何变化的。如同刚才的实例中，我们是利用了S形曲线增加图像的对比度，而这种形态的曲线也完全可以在"曲线"对话框中通过编辑曲线的方式创建得到，所以读者在实际运用过程中，可以根据自己的喜好，选择使用某种方式来调整图像。

3.12 "HDR色调"命令

　　HDR是近年来一种流行的摄影表现手法，或者更准确地说，是一种后期图像处理技术，而所谓的HDR，英文全称为High-Dynamic Range，指"高动态范围"。简单来说，就是让照片无论高光还是阴影部分细节都很清晰。

　　Photoshop提供的这个"HDR色调"命令，其实并非具有真正意义上的HDR合成功能，而是在同一张照片中，通过对高光、中间调及暗调的分别处理，模拟得到类似的效果，当然在细节上不可能与真正的HDR照片作品相提并论，但其最大的优点就是在只使用一张照片的情况下，就可以合成得到不错的效果，因而具有比较高的实用价值。

　　执行"图像"|"调整"|"HDR色调"命令，即可调出其对话框，如图6.62所示。

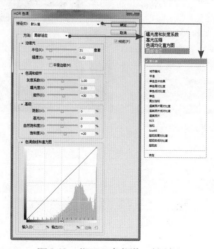

图6.62 "HDR色调"对话框

与其他大部分图像调整命令相似，此命令也提供了预设调整功能，选择不同的预设能够调整得到不同的HDR照片结果。以图3.63所示的原图像为例，图3.64所示就是几种不同调整效果的对比。

图3.63 原图像　　　　　　　　　　　图3.64 不同调整效果的对比

在"方法"下拉列表中，包含了"局部适应"、"高光压缩"等选项，其中以"局部适应"选项最为常用，因此下面将重点介绍选择此选项时的参数设置。

● 半径：此参数可控制发光的范围。图3.65所示就是分别设置不同"半径"数值时的效果对比。

图3.65 设置不同"半径"数值时的效果对比

● 强度：此参数可控制发光的对比度。图3.66所示就是分别设置不同"强度"数值时的效果对比。

● 灰度系数：此参数可控制高光与暗调之间的差异，其数值越大（向左侧拖动）则图像的亮度越高，反之则图像的亮度越低。

● 曝光度：控制图像整体的曝光强度，也可以将其理解为亮度，如图3.67所示。

图3.66 不同"强度"数值的效果对比　　　　　　图3.67 曝光度效果

- 细节：数值为负数时（向左侧拖动）画面变得模糊；反之，数值为正数（向右侧拖动）时，可显示出更多的细节内容，如图3.68所示。
- 阴影、高光：这两个参数用于控制图像阴影或高光区域的亮度，图3.69所示就是分别设置不同数值时的效果对比。

图3.68 细节效果　　　　　　　　图3.69 设置不同"阴影、高光"数值时的效果对比

在"色调曲线和直方图"区域中的参数用于控制图像整体的亮度，其使用方法与编辑"曲线"对话框中的曲线基本相同，单击其右下角的"复位曲线"按钮，可以将曲线恢复到初始状态。

本章小节

在本章中，主要讲解了在Photoshop中对色彩进行编辑处理的方法。通过本章的学习，读者应能够熟练地使用各种调色功能，对图像进行色彩校正、更改、着色、调整色彩饱和度、亮度与对比度，以及进行色彩艺术化、特殊化等处理。本章的学习重点是数码照片的处理，但同时应该了解到，在图像特效处理、创意合成等领域中，调色功能有着极为重要的作用。

课后练习

一、选择题

1. 下列哪个命令用来调整色偏？（　　）
A. 色调均化　　B. 阈值　　C. 色彩平衡　　D. 亮度/对比度
2. 下列哪个色彩调整命令可提供最精确的调整？（　　）
A. 色阶　　B. 亮度/对比度　　C. 曲线　　D. 色彩平衡
3. 如何设定图像的白点（白场）？（　　）
A. 选择工具箱中的吸管工具 ✐ 在图像的高光处单击
B. 选择工具箱中的颜色取样器工具 ✐ 在图像的高光处单击

C. 在"色阶"对话框中选择设置白场工具 ✎ 并在图像的高光处单击

D. 在"色彩范围"对话框中选择设置白场工具 ✎ 并在图像的高光处单击

4. "色阶"命令的快捷键是（　　）。

A. Ctrl+U　　　B. Ctrl+L　　　C. Ctrl+M　　　D. Ctrl+B

5. "色相/饱和度"命令的快捷键是（　　）。

A. Ctrl+U　　　B. Ctrl+L　　　C. Ctrl+M　　　D. Ctrl+B

6. "色彩平衡"命令的快捷键是（　　）。

A. Ctrl+U　　　B. Ctrl+L　　　C. Ctrl+M　　　D. Ctrl+B

7. 下列最适合调整风景照片色彩的是（　　）。

A. 色相/饱和度　　B. 自然饱和度　　C. 色彩平衡　　D. 亮度/对比度

8. 下面对"色阶"命令描述正确的是（　　）。

A. 减小色阶对话框中"输入色阶"最右侧的数值导致图像变亮

B. 减小色阶对话框中"输入色阶"最右侧的数值导致图像变暗

C. 增加色阶对话框中"输入色阶"最左侧的数值导致图像变亮

D. 增加色阶对话框中"输入色阶"最左侧的数值导致图像变暗

9. 下列可以完全去除照片色彩的命令有（　　）。

A. 去色　　B. 色相/饱和度　　C. 亮度/对比度　　D. 黑白

10. 下列可以调整图像亮度与对比度的有（　　）。

A. 色阶　　B. 曲线　　C. 亮度/对比度　　D. 反相

二、填空题

1. "曲线"命令的快捷键是（　　）。

2. （　　）命令可以通过模拟传统光学的滤镜特效以调整图像的色调，使其具有暖色调或者冷色调的倾向，也可以根据实际情况自定义其他色调。

3. 若要校正照片偏红的问题，可以使用"色彩平衡"命令向照片增加（　　）色。

4. 在"亮度/对比度"对话框中，"对比度"数值为正时，可（　　）图像的对比度；数值为负时，可（　　）图像的对比度。

5. 在使用"色彩平衡"命令时，若要在调整时，仅改变图像的颜色，像素的亮度值不变，应选中（　　）选项。

6. 在"曲线"对话框中，要删除某个节点，可以按（　　）单击该节点。

三、判断题

1. 在"曲线"对话框的调节线上可以添加最多不超过14个节点。（　　）

2. "图像－调整－HDR色调"命令并不能制作真正的HDR照片，它是使用一张照片进行HDR合成的。（　　）

3. 使用"阴影/高光"命令，可以再生图像中阴影和高光区域的图像细节。

4. 使用"色相/饱和度"对话框中的拖动调整工具⤴，在图像中向左或向右拖动，可以减少或增加包含所单击像素的颜色范围的饱和度。

5. 使用"去色"命令后，会将图像转换为"灰度"模式，从而实现去除图像色彩的处理。（　　）

6. 在"色相/饱和度"对话框中，将"饱和度"设置为0，相当于应用"去色"命令。

四、上机操作题

1. 打开随书所附光盘中的文件"第3章\习题1-素材.jpg"（图3.70），执行"色相/饱和度"命令将人物的泳衣调整为橘黄色，如图3.71所示。

图3.70 素材图像　　　　图3.71 调整后的效果

2. 打开随书所附光盘中的文件"第3章\习题2-素材.tif"（图3.72），执行"色彩平衡"命令，将照片调整为如图3.73所示的非主流黄绿色调效果。

图3.72 素材图像　　　　图3.73 色彩平衡效果

3. 打开随书所附光盘中的文件"第3章\习题3-素材.jpg"（图3.75），执行"色阶"命令调整其对比度，直至得到如图3.75所示的效果。

图3.74 素材图像　　　　　　　　　　图3.75 色阶效果

4. 打开随书所附光盘中的文件"第3章\习题4-素材.tif",如图3.76所示。执行"黑白"命令制作得到黑白和单色效果,如图3.77所示。

图3.76 素材图像　　　　　　图3.77 黑白和单色效果

5. 打开随书所附光盘中的文件"第3章\习题5-素材.jpg"(图3.78),执行"HDR色调"命令,将其处理成如图3.79所示的效果。

图3.78 素材图像　　　　　　　　　　图3.79 HDR色调效果

第4章

修复与修饰图像

Photoshop的强大功能之一是对图像进行修饰，灵活运用Photoshop中的工具可以修复破损的照片，还可以克隆图像的局部。下面就来讲解一下与之相关的工具的使用方法。

4.1 仿制图章工具

简单来说,利用仿制图章工具 ![]可以将图像中的像素复制到当前图像的另一个位置。使用此工具的操作步骤如下:

① 选择仿制图章工具 ![],在如图4.1所示的工具选项条中设置参数及选项。

![工具选项条] 画笔: 50 模式: 正常 ▼ 不透明度: 100% ▶ 流量: 100% ▶ ✓对齐 样本: 当前图层 ▼

图4.1 仿制图章工具选项条

仿制图章工具 ![]选项条中的重要参数解释如下:

● 对齐:在工具选项条中选择"对齐"复选框,整个取样区域仅应用一次,即使操作由于某种原因而停止,当再次使用仿制图章工具 ![]操作时,仍可以从上次结束操作时的位置开始,直到再次取样。如果不选择此复选框,则每次停止操作后再进行时,都要从头开始复制。

● "绘图板压力控制画笔尺寸"按钮 ![]:在使用绘图板进行涂抹时,选中此按钮后,将可以依据给予绘图板的压力控制画笔的尺寸。

● "绘图板压力控制画笔透明"按钮 ![]:在使用绘图板进行涂抹时,选中此按钮后,将可以依据给予绘图板的压力控制画笔的不透明度。

② 按住Alt键单击被复制的区域进行取样,如图4.2所示。

③ 释放Alt键并将光标放置在复制图像的目标区域,按住鼠标左键拖动此工具,即可得到复制效果。如图4.3所示就是将图中多余的树叶修除后的效果。

图4.2 定义源图像　　　　　　　　　　　　图4.3 修除树叶后的效果

使用仿制图章工具 ![]不仅可以在同一图像中进行复制,也可以在两个不同的图像文件中进行复制操作。下面通过一个实例来说明如何将图4.4所示的模特衣服上的花纹复制到图4.5所示的身着咖啡色裙子的模特衣服上。

图4.4 花衣模特　　　　　　图4.5 身着咖啡色裙子的模特

① 打开随书所附光盘中的文件"第4章\4.1 仿制图章工具-2-素材1.jpg"和"第4章\4.1 仿制图章工具-2-素材2.psd"，并将两幅图像并排摆放。

② 在工具箱中选择仿制图章工具 ![] 并设置其工具选项条，如图4.6所示。

图4.6 设置仿制图章工具选项条

Tips 提示

本例的操作关键点不仅在于仿制图章工具 ![] 的使用技巧，更在于此工具选项条中的参数设置，特别是其"模式"选项的选择。

---

③ 为确保复制图像边缘的美观性，使用磁性套索工具 ![] 选择咖啡色裙子，如图4.7所示。

④ 按住Alt键，使用仿制图章工具 ![] 在身着花衣的模特身上单击一下，以取得源图像复制源点。

⑤ 移动光标至身着咖啡色裙子的模特身上单击一下，以将此图像设置为当前操作的图像。

⑥ 使用此工具在模特的咖啡色裙子上涂抹，即可观察到花纹已经被复制到当前操作的图像中，如图4.8所示。

Tips 提示

由于使用此工具时使用的是"柔角画笔"，因此在进行涂抹操作时要避免出现透明边缘。如果希望加深衣服上的花纹效果，可以在此模特的衣服上再次涂抹，得到的效果如图4.9所示。

图4.7 使用磁性套索工具得到的选区　图4.8 复制至模特身上的花纹　图4.9 进行第二次涂抹后的效果

 提示

按住Shift键并拖动鼠标，仿制图章工具 ⬆ 将在水平或垂直方向上复制。

4.2 污点修复画笔工具

污点修复画笔工具 ⬤ 用于去除照片中的杂色或污斑。此工具与下面将要讲解的修复画笔工具 ⬤ 非常相似。但不同的是，使用此工具时不需要进行取样操作，只需要用此工具在图像中有需要的位置单击，即可去除此处的杂色或污斑。

下面讲解此工具的使用方法。

① 打开随书所附光盘中的文件"第4章\4.2 污点修复画笔工具-素材.jpg"。在工具箱中选择污点修复画笔工具 ⬤，并在其工具选项条上设置参数，如图4.10所示。

图4.10 设置参数

② 将光标置于要修除的斑点上，并保证光标的圆圈于要修除的斑点，如图4.11所示。

③ 按下鼠标左键，即可修除当前画笔圆圈中的斑点，如图4.12所示。

④ 按照第②、③步的操作方法，应用污点修复画笔工具 ⬤，通过多次定义源图像，以将另外两处的斑点修除，如图4.13所示。图4.14所示是修复后的照片整体效果。

图4.11 摆放光标位置　　　　　图4.12 单击后的效果

图4.13 完全修复后的效果　　　图4.14 整体效果

提示：在实际操作过程中，污点修复画笔工具 的直径大小可以根据要修复的斑点大小来决定。

4.3 修复画笔工具

修复画笔工具 的最佳操作对象是有皱纹或雀斑等的照片，或者有污点、划痕的图像，因为该工具能够根据要修改点周围的像素及色彩将其完美无缺地复原，而不留任何痕迹。

使用修复画笔工具 的具体操作步骤如下：

① 打开随书所附光盘中的文件"第4章\4.3 修复画笔工具-素材.jpg"。单击"图层"面板底部的"创建新图层"按钮 得到"图层1"。

② 选择修复画笔工具 ，设置其工具选项条的参数如图4.15所示，将光标置于右眼下方无眼袋的区域，按住Alt键单击以定义源图像，如图4.16所示。

图4.15 "修复画笔工具"选项条

"修复画笔工具" 选项条中的重要参数解释如下：

● 取样：用取样区域的图像修复需要改变的区域。

● 图案：用图案修复需要改变的区域。

● 修补：在此下拉列表中，选择"正常"选项时，将按照默认的方式进行修补；选择 "内容识别"选项时，Photoshop将自动根据修补范围周围的图像进行智能修补。

③ 释放Alt键，在有眼袋的区域拖动（图4.17），释放鼠标左键即可看到修复效果。

图4.16 定义源图像

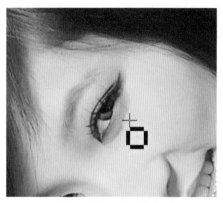
图4.17 涂抹时的状态

④ 按照第②、③步的操作方法，应用修复画笔工具 ✐ 将右眼及左眼的眼袋进行修复 处理。在修复图像的过程中，可以按住Alt键多处定义源点，使修复后的图像与整体 的色彩相融合，如图4.18所示。图4.19所示是修复后的照片整体效果。

图4.18 修复眼袋的效果

图4.19 修复后的照片整体效果

4.4 修补工具

修补工具 ▦ 的原理与修复画笔工具 ✐ 相似，也可完美地恢复图像不满意的区域。它 与修复画笔工具 ✐ 不同之处在于，修复画笔工具 ✐ 着眼于点，而此工具着眼于面，换而言 之，使用此工具能够大面积修补图像，其工具选项条如图4.20所示。

图4.20 修补工具选项条

● 源：选择"源"单选按钮，则拖动选区并释放鼠标后，选区内的图像将被选区释放时 所在的区域所代替。

● 目标：选择"目标"单选按钮，则拖动选区并释放鼠标后，释放选区时的图像区域将
　被原选区的图像所代替。

● 透明：选择"透明"复选框后，被修饰的图像区域内的图像效果呈半透明状态。

● 使用图案：在未选中"透明"复选框的状态下，在修补工具 ■ 选项条中选择一种图
　案，然后单击"使用图案"按钮，则选区内将被应用为所选图案。

下面通过一个简单的实例，来讲解此工具的使用方法。

① 打开随书所附光盘中的文件"第4章\4.4 修补工具-素材.jpg"。

② 在工具箱中选择修补工具 ■，在右下角要修除的图像区域绘制选区，如图4.21所示。

③ 将光标置于选区内部，然后按住Shift键向上拖动，将选区拖至无阴影的区域中，如
　图4.22所示。

④ 释放鼠标左键，即可完成图像的修复，如图4.23所示。

⑤ 修复后的图像还有一些偏暗，此时可以使用减淡工具 ■，设置适当的画笔大小及
　"曝光度"数值，在该区域中进行涂抹，以将其提亮，如图4.24所示。

图4.21 绘制选区　　　图4.22 拖动选区　　　图4.23 修复后的效果　　　图4.24 最终效果

4.5 内容感知移动工具

Photoshop CS6中新增了内容感知移动工具 ■ 的，其点就是可以将选中的图像移至其他位
置，并根据原图像周围的图像对其所在的位置进行修复处理，其工具选项栏如图4.25所示。

图4.25 内容感知移动工具选项栏

● 模式：在此下拉列表中选择"移动"选项，则仅针对选区内的图像进行修复处理；若
　选择"扩展"选项，则Photoshop会保留原图像，并自动根据选区周围的图像进行自
　动的扩展修复处理。

● 适应：在此下拉列表中，可以选择在修复图像时的严格程度，其中包含5个选项供选择。

以图4.26所示的图像为例，图4.27所示是将其拖动至右上方位置时的状态，图4.28所示是释放鼠标并取消选区后的效果。从中可以看出，原图像的位置被自动填充了图像内容。

图4.26 原图像　　　　　　　图4.27 拖动效果　　　　　　图4.28 修复后的效果

本章小结

在本章中，主要讲解了在Photoshop中对图像进行各种修复处理的方法。通过本章的学习，读者应该能够熟练使用仿制图章工具以复制的方式进行各种图像修复处理，也能够使用污点修复画笔工具、修复画笔工具、修补工具以及内容感知移动工具等，以智能修复的方式，对图像中多余的或具有破坏性的元素进行修复与修除处理。

课后练习

一、选择题

1. 下列是以复制图像的方式进行图像修复处理的工作是（　　）。

A. 修复画笔工具　　　B. 修补工具　　　C. 污点修复画笔工具　　　D. 仿制图章工具

2. 在使用仿制图章工具时，按住哪个键并单击可以定义源图像？（　　）

A. Alt键　　　B. Ctrl键　　　C. Shift键　　　D. Alt+Shift键

3. 下列关于仿制图章工具的说法中，正确的是（　　）。

A. 选中"对齐"选项时，整个取样区域仅应用一次，反复使用此工具进行操作时，仍可从上次操作结束时的位置开始

B. 未选中"对齐"选项时，每次停止操作后再继续绘画时，都将从初始参考点位置开始应用取样区域

C. 选中"当前图层"选项时，则取样和复制操作，都只在当前图层及其下方图层中生效

D. 选择"忽略调整图层"按钮时，可以在定义源图像时忽略图层中的调整图层

二、 填空题

1. 在使用修补工具 ⬤ 时，首先应（　　）。
2. 在内容感知移动工具选项条中，选择（　　）选项，可仅针对选区内的图像进行修复处理。

三、 判断题

1. 在两个图像之间使用仿制图章工具 🔛 进行修复时，无需按定义源图像即可直接操作。
2. 使用污点修复画笔工具 🖊 时，无需定义源图像即可操作。

四、 上机操作题

1. 打开随书所附光盘中的文件"第4章\习题1-素材.tif"，如图4.29所示。结合使用仿制图章工具 🔛 和"修复画笔工具" 🖊 ，修除左侧的人物，如图4.30所示。

　　　　图4.29 素材图像　　　　　　　　　图4.30 修复效果

2. 打开随书所附光盘中的文件"第4章\习题2-素材.psd"，如图4.31所示。使用仿制图章工具 🔛 将左下角的图像修除，得到如图4.32所示的效果。

　　　　图4.31 素材图像　　　　　　　　　图4.32 修复效果

第5章
图层的基础功能

简单地说，任何一幅作品都是图像与图像之间搭配处理的结果。图层的出现，为这种搭配处理提供了更广阔的平台，从而可以获得更多、更绚丽的效果。甚至可以这样说，假如没有图层，就不可能完成各种图像的合成工作。

5.1 图层的工作原理

了解图层的概念是深入掌握图层操作的前提条件，也是深入掌握Photoshop的必备条件。

简单地说，我们可以将每一个图层都看做是一张透明的胶片，将图像分类绘制于不同的透明胶片上，最后将所有胶片按顺序叠加起来观察，便可以看到完整图形。而在Photoshop中图层就是上面所提到的"透明胶片"。如图5.1所示为一个分层图像及"图层"面板。如图5.2所示为将这个图像的图层表示为胶片后的示意图。

  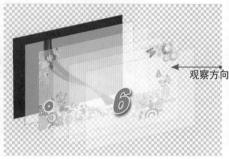

图5.1 分层图像及"图层"面板　　　　　　　　　　图5.2 胶片分层式的示意图

通过上面的实例图可以看出，使用图层进行工作，可以将组成图像的各个元素放在不同的图层中，通过分层管理的方法进行工作，在需要的情况下，可以移动各个图层的顺序，从而得到不同的图像效果。例如，将图层"图层1"移至最上方时，可以得到如图5.3所示的不同效果。

 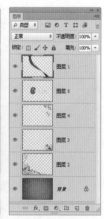

图5.3 改变图层顺序后的效果

除了移动顺序外，如果改变图层的混合模式、不透明度等参数，也会取得不同的效果。如图5.4所示展示了将"图层1"的混合模式改变为"滤色"后的效果，可以看出其效果已经发生了很大的变化。

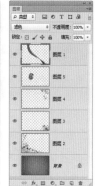

图5.4 改变图层混合模式后的效果

通过上面的实例可以看出，如果要很好地利用图层来创作，不仅要了解图层的顺序对图层图像的影响，还需要清楚不同图层改变混合模式、不透明度等参数时会对图像整体效果产生怎样的影响。

5.2 了解"图层"面板

对图层进行的各种操作基本都是在"图层"面板中完成的，因此掌握"图层"面板是掌握图层操作的前提条件。执行"窗口"|"图层"命令或按F7键，可打开如图5.5所示的"图层"面板。

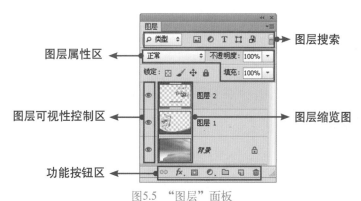

图5.5 "图层"面板

图5.5所示的"图层"面板看上去有些复杂，但实际上，如果我们分别了解了面板中的各个按钮及图标的意义，就能够很容易地读懂"图层"面板呈现的有关图像的信息。

在此简单介绍"图层"面板中的各个按钮与控制选项，在以后的章节中将对各个按钮和控制选项的使用方法及技巧做详细介绍。

- 类型 ：在其下拉列表中可以快速查找、选择及编辑不同属性的图层。
- 正常 ：在其下拉列表中可以设置当前图层的混合模式。
- 不透明度：在此数值框中键入数值，可以控制当前图层的透明属性。数值越小，则当前图层越透明。
- 填充：在此数值框中键入数值，可以控制当前图层中非图层样式部分的不透明度。

● 锁定：在此可以分别控制图层的透明区域可编辑性、图像区域可编辑性以及移动图层等。

● 👁：单击此图标，可以控制当前图层的显示与隐藏状态。

● 图层缩览图：在"图层"面板中用来显示图像的图标。通过观察此图标，能够方便地选择图层。

● "链接图层"按钮 ∞ ：单击此按钮，可以将选中的图层链接起来，以便于统一执行变换、移动等操作。

● "添加图层样式"按钮 fx ：单击此按钮，可以在弹出的菜单中选择图层样式，然后为当前图层添加图层样式。

● "添加图层蒙版"按钮 ▢ ：单击此按钮，可以为当前图层添加图层蒙版。

● "创建新的填充或调整图层"按钮 ◐ ：单击此按钮，可以在弹出的菜单中为当前图层创建新的填充图层或者调整图层。

● "创建新组"按钮 ▱ ：单击此按钮，可以新建图层组。

● "创建新图层"按钮 ⊡ ：单击此按钮，可以新建图层。

● "删除图层"按钮 🗑 ：单击此按钮，在弹出的提示对话框中单击"是"按钮，即可删除当前所选图层。

5.3 图层的基本操作

创建图层是一类经常性的操作，因此掌握与其有关的操作，有助于我们在工作中根据自己的需要用多种方式创建图层。

5.3.1 新建图层

新建图层是Photoshop中极为常用的操作，其创建方法有很多种，具体归纳如下：

1. 使用按钮创建图层

单击"图层"面板下方的"创建新图层"按钮 ⊡ ，可直接创建一个Photoshop默认的新图层，这也是创建新图层最常用的方法。

Tips 提示

按此方法创建新图层时如果需要改变默认值，可以按住Alt键单击"创建新图层" ⊡ ，然后在弹出的对话框中进行修改；按住Ctrl键的同时单击"创建新图层"按钮 ⊡ ，则可在当前图层下方创建新图层。

2. 通过拷贝和剪切创建图层

如果当前存在选区，还有两种方法可以从当前选区中创建新的图层，即执行"图层"|"新建"|"通过拷贝的图层"或"通过剪切的图层"命令新建图层。

- 在选区存在的情况下，执行"图层"|"新建"|"通过拷贝的图层"命令，可以将当前选区中的图像拷贝至一个新的图层中，也可以按Ctrl+J键。
- 在没有任何选区的情况下，执行"图层"|"新建"|"通过拷贝的图层"命令，可以复制当前选中的图层。
- 在选区存在的情况下，执行"图层"|"新建"|"通过剪切的图层"命令，可以将当前选区中的图像拷贝至一个新的图层中，也可以按Ctrl+Shift+J键。

例如，如图5.6所示为原图像及"图层"面板，在图像中绘制一个选区，并选择"通过拷贝的图层"命令，此时的"图层"面板如图5.7所示。而如果选择"通过剪切的图层"命令，则"图层"面板如图5.8所示。可以看到，由于执行了剪切操作，背景图层上的图像被删除，并使用当前所设置的背景色进行填充（当前所设置的背景色为白色）。

图5.6 原图像及"图层"面板

图5.7 "背景"图层上的图像仍存在　　　图5.8 "背景"图层上的图像被删除

3. 使用快捷键新建图层

使用快捷键新建图层，可以执行以下操作之一：
- 按Ctrl+Shift+N键，则弹出"新建图层"对话框，设置适当的参数，单击"确定"按钮即可在当前图层上新建一个图层。
- 按Ctrl+Alt+Shift+N键，即可在不弹出"新建图层"对话框的情况下，在当前图层上方新建一个图层。

5.3.2 选择图层

正确地选择图层是正确操作的前提条件，只有选择了正确的图层，所有基于此图层的操作才有意义。下面将详细讲解Photoshop中各种选择图层的操作方法。

1. 选择一个图层

要选择某一图层，只需在"图层"面板中单击需要的图层即可，如图5.9所示。处于选择状态的图层与普通图层具有一定的区别，被选择的图层以灰底显示。

2. 选择所有图层

使用此功能可以快速选择除"背景"图层以外的所有图层，其操作方法是按Ctrl+Alt+A组合键或执行"选择"|"所有图层"命令。

3. 选择连续图层

如果要选择连续的多个图层，在选择一个图层后，按住Shift键在"图层"面板中单击另一图层的图层名称，则两个图层之间的所有图层都会被选中，如图5.10所示。

4. 选择非连续图层

如果要选择不连续的多个图层，在选择一个图层后，按住Ctrl键在"图层"面板中单击另一图层的图层名称，如图5.11所示。

5. 选择同类图层

在Photoshop中，可以执行"选择"|"相似图层"命令，将与当前所选图层类型相同的图层全部选中，例如，文字图层、普通图层、形状图层以及调整图层等，如图5.12所示为使用此命令选中所有调整图层后的效果。

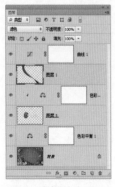

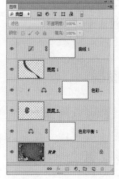

图5.9 选择单个图层　　图5.10 选择连续图层　　图5.11 选择非连续图层　　图5.12 选择相似图层

5.3.3 显示/隐藏图层、图层组或图层效果

显示/隐藏图层、图层组或图层效果操作是非常简单而且基础的一类操作。

在"图层"面板中单击图层、图层组或图层效果左侧的眼睛图标 👁，使该处图标呈现为 ▢，即可隐藏该图层、图层组或图层效果，再次单击眼睛图标处，可重新显示图层、图层组或图层效果。

Tips 提示

如果在眼睛图标 👁 列中按住左键不放向下拖动，则可以显示或隐藏拖动过程中所有鼠标经过的图层或图层组。按住Alt键单击图层左侧的眼睛图标，可以只显示该图层而隐藏其他图层；再次按住Alt键单击该图层左侧的眼睛图标，即可重新显示其他图层。

需要注意的是，只有可见图层才可以被打印，所以如果要打印当前图像，则必须保证图像所在的图层处于显示状态。

5.3.4 改变图层顺序

由于上下图层之间具有相互遮盖关系，因此在需要的情况下应该改变其上下次序，从而改变上下遮盖关系以及图像的最终效果。如图5.13所示为改变图层次序前后的不同效果对比。

图5.13 改变图层次序前后的不同效果对比

要改变图层次序，可以在"图层"面板中选择需要移动的图层，然后拖动图层，当高亮线出现在希望到达的位置时，释放鼠标左键。

也可以执行"图层"|"排列"子菜单中的命令调整图层的顺序。

5.3.5 在同一图像文件中复制图层

在同一图像文件中进行的复制图层操作，可以分为对单个图层和对多个图层进行复制两种，但实际上，二者的操作方法是相同的。在实际工作中，我们可以根据当前的工作需要，选择一种最为快捷有效的操作方法。

● 在当前不存在选区的情况下，按Ctrl+J键可以复制当前选中的图层。该操作仅在复制单个图层时有效。

● 执行"图层"|"复制图层"命令，或在图层名称上右击鼠标，在弹出的菜单中选择"复制图层"命令，此时将弹出如图5.14所示的对话框。

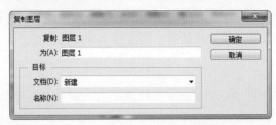

图5.14 "复制图层"对话框

● 选择需要复制的一个或多个图层,将图层拖动到"图层"面板底部的"创建新图层"按钮 ⬚ 上,如图5.15所示。

图5.15 复制图层实例

● 在"图层"面板中选择需要复制的一个或多个图层,按住Alt键拖动要复制的图层,此时光标将变为 ▶ 状态,将此图层拖至目标位置,如图5.16所示。释放鼠标后即可完成复制图层操作,如图5.17所示为复制图层后的"图层"面板。

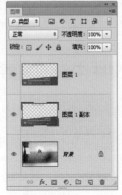

图5.16 按住Alt键拖动以复制图层 图5.17 复制得到的图层

5.3.6 在不同图像间复制图层

要在两幅图像之间复制图层，可以按下述步骤操作：

① 在源图像的"图层"面板中，选择要拷贝的图像所在的图层。

② 执行"选择"|"全选"命令，或者使用前面章节所讲述的选择工具 选中需要复制的图像，按Ctrl+C键执行拷贝操作。

③ 激活目标图像，按Ctrl+V键执行粘贴操作。

更简单的方法是选择移动工具 ，并列两个图像文件，从源图像中拖动需要复制的图像到目标图像中，此操作过程如图5.18所示。

图5.18 用拖动的方法在两个图像之间复制图层

5.3.7 重命名图层

在新建图层时Photoshop以默认的方式为其命名，但这些名称通常都无法满足用户个性化的需求，因此必须改变图层的名称，从而使其更加易于识别与记忆。

改变图层的默认名称，可以执行下列操作之一：

● 在"图层"面板中选择要重新命名的图层，并在该图层的缩览图上右击，在弹出的快捷菜单中选择"图层属性"命令，弹出"图层属性"对话框。在对话框中输入新的图层名称后，单击"确定"按钮关闭对话框即可。

● 双击图层缩览图右侧的图层名称（图5.19），此时该名称就变为可输入的状态，如图5.20所示。输入新的图层名称后，单击图层缩览图或按Enter键确认即可。

图5.19 双击图层名称 　　　图5.20 可输入的状态

5.3.8 快速选择图层中的非透明区域

按住Ctrl键单击非"背景"图层，即可选中该图层的非透明区域，得到非透明选区。如图5.21所示为具有透明区域的图层及对应的"图层"面板，如图5.22所示为按住Ctrl键单击"图层2"后所取得的非透明选区。

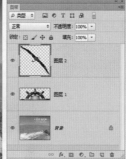

图5.21 原图像及对应的"图层"面板　　　　　　　　　　　　图5.22 所取得的非透明选区

除了结合Ctrl键单击图层的操作方法外，还可以在"图层"面板中右击该图层的缩览图，在弹出的（图5.23）快捷菜单中选择"选择像素"命令，得到非透明选区。

如果在当前图像中已经存在一个选区，在"图层"面板中右击该图层，在弹出的快捷菜单中选择"添加透明蒙版"、"减去透明蒙版"、"交叉透明蒙版"3个命令，可以分别在当前选区中增加该图层非透明选区、减少该图层非透明选区或得到两个选区重合部分的选区。

图5.23 快捷菜单中选择"选择像素"命令

Tips 提示

如果要向现有的选区中添加某图层的非透明选区，可按住Ctrl+Shift键，在"图层"面板中单击该图层。如果要从现有的选区中减去某图层的非透明选区，可按住Ctrl+Alt键，在"图层"面板中单击该图层。如果要得到当前选区与某图层非透明选区的重叠部分，可按住Ctrl+Alt+Shift键，在"图层"面板中单击该图层。

5.3.9 删除图层

删除图层可以执行以下操作之一：

- 执行"图层"|"删除"|"图层"命令或单击"图层"面板底部的"删除图层"按钮 🗑，在弹出的对话框中单击"是"按钮，即可删除所选图层。
- 在"图层"面板中选中需要删除的图层，然后将其拖至"图层"面板下方的"删除图层"按钮 🗑 上即可。
- 如果要删除处于隐藏状态的图层，可以执行"图层"|"删除"|"隐藏图层"命令，在弹出的对话框中单击"是"按钮即可。
- 在选择移动工具 ▶✛ 的情况下，且当前图像中不存在选区及路径，按Delete键或Backspace键也可以删除当前选中的一个或多个图层。

5.3.10 图层过滤

在Photoshop CS6中，新增了根据不同图层类型、名称、混合模式及颜色等属性，对图层进行过滤及筛选的功能，从而便于用户快速查找、选择及编辑不同属性的图层。

要执行图层过滤操作，可以在"图层"面板左上角单击"类型"按钮，在弹出的菜单中选择图层过滤的条件，如图5.24所示。

当选择不同的过滤条件时，在其右侧会显示不同的选项，例如在图5.24中，当选择"类型"选项时，其右侧分别显示了像素图层滤镜🖾、调整图层滤镜◎、文字图层滤镜T、形状图层滤镜🔲及智能对象滤镜🖳5个按钮，单击不同的按钮，即可在"图层"面板中仅显示所选类型的图层。

例如图5.25所示是单击"调整图层滤镜"◎按钮时，"图层"面板中显示了所有的调整图层。图5.26所示是单击"文字图层滤镜"T按钮后的效果，由于当前文件中不存在文字图层，因此显示了"没有图层匹配此滤镜"的提示。

图5.24 选择不同的过滤条件　　图5.25 过滤调整图层时的状态　　图5.26 过滤文字图层时的状态

若要关闭图层过滤功能，则可以单击过滤条件最右侧的"打开或关闭图层滤镜"按钮▓，使其变为▓状态即可。

5.4 图层编组

5.4.1 新建图层组

创建一个新的图层组，可以执行以下操作之一：

● 执行"图层"|"新建"|"组"命令或在"图层"面板下方单击"创建新组"按钮  ，弹出如图5.27所示的对话框。在对话框中可以设置新图层组的"名称"、"颜色"、"模式"及"不透明度"选项，设置完选项后单击"确定"按钮，即可创建新图层组。

图5.27 "新建组"对话框

Tips 提 示

"新建组"对话框中的参数与"新建图层"对话框中的参数含义相同，这里不再赘述。

● 如果单击"图层"面板下面的"创建新组"按钮 □ ，可以创建默认选项的图层组。
● 如果要将当前存在的图层合并至一个图层组，可以将这些图层选中，然后按Ctrl+G组合键或执行"图层"|"新建"|"从图层建立组"命令，在弹出的"新建组"对话框中单击"确定"按钮。

5.4.2 创建嵌套图层组

如果要创建一个嵌套图层组，可以再创建一个图层组或在"图层"面板上选择一个图层组后，按住Ctrl键单击"创建新组"按钮 □ 即可。

5.4.3 将图层移入、移出图层组

1. 将图层移入图层组

如果新建的图层组中没有图层，则可以通过鼠标拖动的方式将图层移入图层组中。将图层拖动至图层组的目标位置，待出现黑色线框时，释放鼠标左键即可，其操作过程如图5.28所示。

  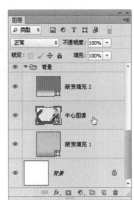

(a) 选择图层　　　(b) 将图层拖动到图层组中　　　(c) 释放鼠标左键

图5.28 将图层移入图层组

2. 将图层移出图层组

将图层移出图层组，可以使该图层脱离图层组，操作时只需要在"图层"面板中选中图层，然后将其拖出图层组，当目标位置出现黑色线框时，释放鼠标左键即可，其操作过程如图5.29所示。

 提示

在由图层组向外拖动多个图层时，如果要保持图层之间的相互顺序不变，则应该从最底层图层开始向上依次拖动，否则原图层顺序将无法保持。

(a) 原面板　　　(b) 拖动图层　　　(c) 释放鼠标左键

图5.29 将图层移出图层组

5.5 对齐选中/链接图层

执行"图层"|"对齐"命令下的子菜单命令，可以将所有链接图层或同时被选中图层中的图像与当前操作图层的图像对齐，下面以对齐图5.30中小圆点为例，讲解对齐操作。

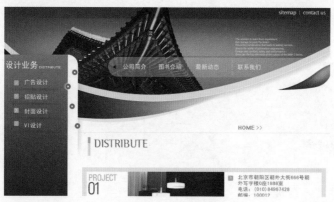

图5.30 未对齐前的图层效果

● 选择"顶边"命令，可将链接图层最顶端像素与当前图层的最顶端像素对齐。
● 选择"垂直居中"命令，将链接图层垂直方向的中心像素与当前图层垂直方向的中心像素对齐。
● 选择"底边"命令，将链接图层的最底端的像素与当前图层的最底端的像素对齐。
● 选择"左边"命令，将链接图层的最左端的像素与当前图层的最左端的像素对齐，如图5.31所示。
● 选择"右边"命令，将链接图层的最右端的像素与当前图层的最右端的像素对齐，如图5.32所示。

图5.31 左对齐后的效果

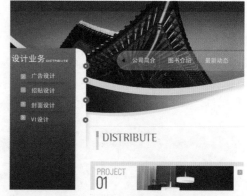

图5.32 右对齐后的效果

● 选择"水平居中"命令，将链接图层的水平方向的中心像素与当前图层的水平方向的中心像素对齐。

一个或几个图层被链接为一个整体后，当我们对其中的某一个图层执行移动、缩放、旋转时，则其他链接图层将随之一起发生移动、缩放、旋转。将图层链接起来，还可以很方便地对这些图层进行分布、对齐、创建图层组、删除等操作。

要链接若干个图层，可以先在"图层"面板中将这些图层选中，如图5.33所示。然后，在面板中单击"链接图层"按钮 ，则这些被选中的图层右侧出现链接图标，如图5.34所示。

 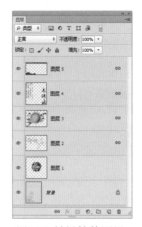

图5.33 选中要链接的图层　　图5.34 被链接的图层

如果要取消图层的链接状态，可以再次单击"链接图层"按钮 ，使图标消失。

5.6 分布选中/链接图层

执行"图层"|"分布"命令下的子菜单命令，可以平均分布链接图层，各命令的讲解如下：

● 选择"顶边"命令，从每个图层的顶端像素开始，以平均间隔分布链接的图层，如图
　5.35所示为原图像，如图5.36所示为执行居右对齐及按顶部分布操作后的效果。

● 选择"垂直居中"命令，从每个图层的垂直居中像素开始，以平均间隔分布链接的图层。

图5.35 原图像　　　　　图5.36 经过居右对齐及按顶部分布操作后的效果

● 选择"底边"命令，从每个图层的底部像素开始，以平均间隔分布链接的图层。

● 选择"左边"命令，从每个图层的最左边像素开始，以平均间隔分布链接的图层。

● 选择"水平居中"命令，从每个图层的水平中心像素开始，以平均间隔分布链接的图层。

● 选择"右边"命令，从每个图层最右边像素开始，以平均间隔分布链接的图层。

5.7 合并图层

当图像的处理基本完成时，可以将各个图层合并起来，以节省系统资源，下面介绍 Photoshop各种合并图层的操作方法。

5.7.1 向下合并图层

向下合并图层是指有两个相邻的图层需要合并。要执行这项操作，可以先将位于上面的图层选中，然后执行"图层"|"向下合并"命令，或者在"图层"面板弹出的菜单中选择"向下合并"命令，用以合并两个上下相邻的图层。

在学习图层混合模式的相关知识后，按照下面的步骤尝试制作一个具有3个图层的图像，设置"图层 1"的混合模式为"变暗"，"图层 2"的混合模式为"滤色"。按照上面所讲述的方法合并上述两个图层后，观察所得到的图层的图层混合模式。

5.7.2 合并选中图层

按住Ctrl或Shift键选中所有要合并的图层，然后按Ctrl+E键或执行"图层"|"合并图层"命令，即可将选中的图层合并为一个图层，合并后图层的名称以选中图层中最顶部图层的名称命名。

5.7.3 合并图层组

位于一个图层组中的图层可以全部合并于图层组中，通过此操作可以减小文件大小。要合并某一个图层组，只需要在"图层"面板中将其选中，然后执行"图层"|"合并组"命令即可。

5.7.4 拼合图像

合并所有图层是指合并"图层"面板中所有未隐藏的图层。要执行这项操作，可以执行"图层"|"拼合图像"命令，或者在"图层"面板弹出的菜单中选择"拼合图像"命令。

如果"图层"面板中含有隐藏的图层，执行此操作时，将会弹出对话框，如果单击"是"按钮，则Photoshop会拼合图层，然后删除隐藏的图层。

本章小节

本章主要讲解了Photoshop中关于图层、图层组及智能对象等基础知识，通过本章的学习，读者首先需要对"图层"面板有一个整体的认识，然后进一步掌握新建、复制、删除、合并等关于图层、图层组的操作方法。另外，用户还应该熟悉关于智能对象的相关操作方法。

总之，图层是Photoshop中极为重要的知识，本章所讲解的都属于在后面学习和工作过程中经常要用到的知识，因此读者应尽可能在此处掌握清楚、明白，从而为后面的学习打下一个坚实的基础。

课后练习

一、选择题

1. 要在不弹出对话框的情况下，创建一个新的图层，可以按哪个键？（　　）

A. Ctrl+Shift+N　　　B. Ctrl+Alt+N　　　C. Ctrl+Alt+Shift+N　　　D. Ctrl+N

2. 单击"图层"面板上当前图层左边的眼睛图标，结果是（　　）。

A. 当前图层被锁定　　B. 当前图层被隐藏　　C. 当前图层会以线条稿显示　　D. 当前图层被删除

3. 下列可用于向下合并图层的快捷键是（　　）。

A. Ctrl+E　　　B. Ctrl+shift+E　　　C. Ctrl+F　　　D. Ctrl+Alt+E

4. 在选中多个图层（不含背景图层）后，不可执行的操作是（　　）。

A. 编组　　　B. 删除　　　C. 转换为智能对象　　　D. 填充

5. 要对齐图层中的图像，首先应（　　）。

A. 选中要对齐的图层　　　　　　　　C. 将要对齐的图层链接起来

B. 绘制选区将要对齐的图像选中　　　D. 将要对齐的图层合并

6. 下列操作不能删除当前图层的是（　　）。

A. 将此图层用鼠标拖至垃圾桶图标上　　　　　C. 在有选区时直接按delete键

B. 在"图层"面板菜单中选"删除图层"命令　　　D. 直接按esc键

7. 在Photoshop CS6中提供了哪些图层合并方式？（　　）

A. 向下合并　　　C. 拼合图层

B. 合并可见层　　　D. 合并图层组

8. 下列哪些方法可以创建新图层？（　　）

A. 双击"图层"面板的空白处，在弹出的对话框中进行设定选择新图层命令

B. 单击"图层"面板下方的"创建新图层"按钮

C. 使用鼠标将图像从当前窗口中拖动到另一个图像窗口中

D. 按Ctrl+N键

9. 要选中多个图层，可以按（　　）键。

A. Ctrl　　　B. Shift　　　C. Alt　　　D. Tab

10. 下面对图层组描述正确的是（　　）。

A. 在"图层"面板中单击"创建新组"按钮 可以新建一个图层组

B. 可以将所有选中图层放到一个新的图层组中

C. 按住Ctrl键的同时，用鼠标单击图层选项栏中的图层组，可以弹出"图层组属性"对话框

D. 在图层组内可以对图层进行删除和复制

二、填空题

1. 要将选中的图层编组，可以按（　　）键。

2. 若要在创建新图层时弹出"创建新图层"对话框，可以按住（　　）键单击"图层"面板中的"创建新图层"按钮 🔽 。

3. 在对齐图像时，选择（　　）命令，从每个图层的垂直居中像素开始，以平均间隔分布链接的图层。

三、判断题

1. Photoshop中"背景"图层始终在最低层。（　　）

2. 只能通过拖动的方式改变图层的上下顺序。（　　）

3. 若当前图像中带有选区，则无法通过按Delete键的方式删除图层。（　　）

4. 按Ctrl+A键可以选中"图层"面板中除"背景"图层以外的所有图层。（　　）

四、上机操作题

1. 打开随书所附光盘中的文件"第5章\习题1-素材.psd"，如图5.37所示。通过调整图层顺序，制作如图5.38所示的效果。

图5.37　素材图像　　　　　　　　图5.38　最终效果

2. 打开随书所附光盘中的文件"第5章\习题2-素材.psd"，如图3.39所示，通过选择不同的图层，并使用移动工具 ⊕ 调整相应图像的位置，直至得到如图5.40所示的效果。

图5.39　素材图像　　　　　　　　图5.40　最终效果

第6章
绘画、填充与变换功能

Photoshop所提供的绘图功能十分出色，可以满足各种商业及视觉类作品所需要进行的简单绘图，也可以直接绘制十分精美的CG作品。正因为如此，Photoshop逐渐受到许多插画师及CG爱好者的青睐。

本章将对Photoshop所提供的绘图功能进行详细的讲解。

6.1 了解画笔工具

使用画笔工具 ✐ 能够绘制边缘柔和的线条，此工具在绘制中使用最为频繁。另外，在很多合成作品中，它也是融合图像、编辑图层蒙版以及模拟物体间投影等方面不可缺少的工具之一。

在使用画笔工具 ✐ 进行绘制工作时，除了需要选择正确的绘图前景色外，还必须正确设置画笔工具 ✐ 选项。在工具箱中选择画笔工具 ✐，其工具选项条如图6.1所示，在此可以选择画笔的笔刷类型并设置绘图不透明度及混合模式。

图6.1 画笔工具选项条

- 画笔：在此下拉列表中选择合适的画笔大小。
- 模式：设置用于绘图的前景色与作为画纸的背景之间的混合效果。"模式"下拉列表中的大部分选项与图层混合模式相同。
- 不透明度：设置绘图颜色的不透明度，数值越大，绘制的效果就越明显；反之，则越不清晰。图6.2所示为分别利用50%和100%的不透明度创建的不同效果。

图6.2 分别利用50%和100%的不透明度创建的不同效果

- 流量：设置拖动鼠标一次得到图像的清晰度，数值越小，越不清晰。
- 喷枪工具 ✐：单击此按钮，将画笔工具 ✐ 设置为喷枪工具 ✐，在此状态下得到的画笔边缘更柔和，而且如果在图像中单击并按住鼠标不放，前景色将在此点淤积，直至释放鼠标。

6.2 "画笔"面板

6.2.1 "画笔"面板简介

在Photoshop中，掌握画笔工具 ✐ 及"画笔"面板的使用方法非常重要，因为包括画笔工具、模糊工具、图章工具在内的许多工具都使用该面板定义当前工作时所使用的笔刷状态及工作属性。换而言之，在使用这些工具之前，除了需要在这些工具的工具选项条中选择合适的参数外，还需要在"画笔"面板中选择合适的笔刷，或在此面板上对笔刷的参数进行设置。

执行"窗口"|"画笔"命令或按F5键，可弹出如图6.3所示的"画笔"面板。

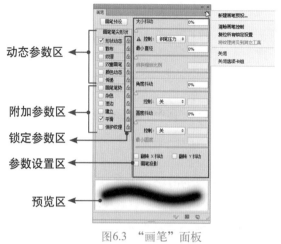

图6.3 "画笔"面板

虽然初看上去"画笔"面板中的参数众多，选项复杂，但是只要明白"画笔"面板的工作方式，就不难掌握这些参数。下面对"画笔"面板中各区域的作用及主要按钮的功能进行简单的介绍。

- 画笔预设：单击"画笔预设"按钮，可以调出"画笔预设"面板，以进行预设管理。
- 动态参数区：在该区域中列出了可以设置动态参数的选项，其中包含"画笔笔尖形状"、"形状动态"、"散布"等多类参数可以设置，本章将在后面的内容中分别进行讲解。
- 附加参数区：在该区域中列出了一些选项，选择它们可以为画笔增加杂色及湿边等效果。
- 锁定参数区：在该区域中单击锁形图标使其变为状态，就可以将该动态参数所做的设置锁定，再次单击锁形图标使其变为状态即可解锁。
- 预览区：在该区域可以看到根据当前的画笔属性生成的预览图。
- 参数设置区：该区域中列出了与当前所选的动态参数相对应的参数，在选择不同的选项时，该区域所列的参数也不相同。
- "新建画笔"按钮：单击该按钮，在弹出的对话框中单击"确定"按钮，按当前所选画笔的参数创建一个新画笔。

6.2.2 "画笔笔尖形状"参数

基本上"画笔"面板中的每一种笔刷都有数种属性可以被设置，其中包括直径、角度、间距、圆度，对于圆形画笔，还有硬度参数可以被设置。

要设置上述常规参数，可以单击"画笔"面板左侧的"画笔笔尖形状"选项，此时的"画笔"面板如图6.4所示。

图6.4 显示常规参数的"画笔"面板

要设置上述参数，可以拖动相应的滑块，或在参数文本框中输入数值即可，在调节的同时，在预览区观察调节后的效果。其中重要参数解释如下：

● 直径：在"直径"文本框中输入数值或调节滑块，可以设置笔刷的大小，数值越大，笔刷直径越大，如图6.5所示。

● 硬度：在"硬度"文本框中输入数值或调节滑块，可以设置笔刷边缘的硬度，数值越大，笔刷的边缘越清晰；数值越小，边缘越柔和，如图6.6所示。

 提示

为方便操作笔刷直径实例，在此将间距设置为100%。

图6.5 笔刷直径实例　　　　　　　　　图6.6 笔刷硬度实例

● 间距：选中"间距"复选框，并在后面的文本框中输入数值或用滑块调节，可以设置绘图时组成线段的两点之间的距离，数值越大间距越大。

● 圆度：在"圆度"文本框中输入数值，可以设置笔刷的圆度，数值越大，笔刷越趋向于正圆或画笔在定义时所具有的比例。

对于圆形笔刷，如果圆度小于100%时，在"角度"文本框中输入数值，可以设置笔刷旋转的角度。而对于非圆形笔刷，在"角度"文本框中输入数值，则可以设置笔刷旋转的角度。

图6.7所示为圆形笔刷绘制的各种效果，图6.8所示为非圆形笔刷绘制的各种效果。

图6.7 圆形笔刷绘图效果　　　　　　　　　　　　图6.8 非圆形笔刷绘图效果

下面通过一个实例具体讲解圆形笔刷的用法，其操作步骤如下：

① 打开随书所附光盘中的文件"第6章\6.2.2"画笔笔尖形状"参数-2-素材.jpg"，如图
6.9所示。

图6.9 素材图像

② 选择画笔工具 ，按F5键调出"画笔"面板，各项的设置如图6.10~图6.14所示。
设置前景色颜色值为 fff600，背景色颜色值为 ef672e。

图6.10 画笔设置1　　　　　　　图6.11 画笔设置2　　　　　　　图6.12 画笔设置3

图6.13 画笔设置4 　　　　　　图6.14 画笔设置5

③ 按住鼠标左键在图像上方拖动，直至得到如图6.15所示的效果。复制并移动图层到合适位置，设置其不透明度为50%，得到如图6.16所示的效果。

图6.15 使用画笔绘制圆形效果 　　　　　　图6.16 整体效果

6.2.3 "形状动态"参数

通过控制笔刷的"形状动态"参数，可以控制笔刷在绘制过程中的大小、圆角、角度等参数属性的变化，并通过设置这些参数，得到千变万化的笔刷形态。

在"形状动态"复选框被选中的情况下，"画笔"面板如图6.17所示。

"画笔"面板中重要参数的解释如下：

● 大小抖动：此参数控制笔刷在绘制过程中尺寸上的波动幅度，其数值越大，波动的幅度也越大，图6.18所示为此数值分别是0和100时的笔刷效果对比。

图6.17 "画笔"面板

图6.18 不同"大小抖动"数值的效果对比

Tips 提示

为方便操作，在此将笔刷的"间距"值设置为一个较大的数值，在这里"间距"值为130%，最小直径为0%，因此其间距较大。

● 控制：此下拉列表中的选项用于控制波动发生的方式，其中有"关"、"渐隐"、"钢笔压力"、"钢笔斜度"、"光笔轮"5种方式可选。

由于"钢笔压力"、"钢笔斜度"、"光笔轮"这3种方式都需要压感笔的支持，因此如果没有安装此硬件，在"控制"下拉列表的左侧将显示一个叹号。

比较常用的是"渐隐"，选择此选项后，其右侧将激活一个文本框，在此可以输入数值以改变渐隐步长。图6.19所示为"渐隐"数值分别是500与300时的效果，可以看出步长的数值越大，则笔画消失的距离越长。

图6.19 不同"渐隐"数值时的效果对比

Tips 提示

由于下面要讲到的"角度抖动"、"圆度抖动"都具有此下拉列表，且其选项及意义相同，故不再赘述。

● 最小直径：此数值用于控制在尺寸发生波动时，笔刷的最小尺寸值，此数值越大，发生波动的范围越小，波动的幅度也会相应变小。

图6.20所示为此数值分别是0和100时的笔刷效果对比，可以看出当数值较大时，笔刷尺寸的波动幅度越发不明显（为了使观看效果更明显，笔者将"大小抖动"数值设置为100%，间距设置为200%）。

图6.20 不同"最小直径"数值时的笔刷效果对比

● 角度抖动：此参数用于控制在绘制过程中，笔刷在角度上的波动幅度，其数值越大，波动的幅度也越大。

● 圆度抖动：此参数用于控制在绘制过程中，笔刷在圆度上的波动幅度，其数值越大，波动的幅度也越大，图6.21所示为此数值分别是0和100时的笔刷效果对比。

图6.21 不同"圆度抖动"数值时的笔刷效果对比

Tips 提示

> 为方便操作不同"圆度抖动"数值实例，在此将间距设置为100%，大小抖动设置为0%。

● 最小圆度：此数值用于控制笔刷在圆度发生波动时笔刷的最小圆度尺寸值，此数值越大，发生波动的范围越小，则波动的幅度也会相应变小。

6.2.4 "散布"参数

通过控制笔刷的"散布"参数，可以控制在绘制或编辑时，笔刷偏离当前工作路径的程度，在此参数复选框被选中的情况下，"画笔"面板如图6.22所示。

图6.22 选中"散布"选项时"画笔"面板

"画笔"面板中重要参数解释如下：

● 散布：此参数用于控制构成线条的点在绘制时，距离笔刷所掠过的路径的离散度，此数值越大，偏离的程度越大。图6.23所示为此数值分别是100和400时的笔刷效果对比。

图6.23 不同"散布"数值时的笔刷效果对比

● 两轴：在此复选框被选中的情况下，笔刷点在X、Y两个轴向上发生分散，否则仅在一个方向上发生分散。

● 数量：此参数用于控制构成线条的点在绘制时笔刷点的数量，此数值越大，则有越多的笔刷点聚集在一起。图6.24所示此数值分别为1和4时的笔刷效果对比。

图6.24 不同"数量"数值时的笔刷效果

● 数量抖动：此参数用于控制构成线条的点在绘制时笔刷点数量的波动幅度，此数值越大，得到的笔刷效果越不规则。

6.2.5 "颜色动态"参数

在"画笔"面板中勾选"颜色动态"复选框，"画笔"面板如图6.25所示，选择此复选框可以动态改变笔刷颜色效果。

图6.25 勾选"颜色动态"复选框时的"画笔"面板

勾选"颜色动态"复选框后，"画笔"面板中的重要参数解释如下：

● 应用每笔尖：勾选此复选框后，将在绘画时，针对每个画笔进行颜色动态变化；反之，则仅使用第一个画笔的颜色。图6.26所示是选中此复选框前后的描边效果对比。

图6.26 勾选"应用每笔尖"复选框前后的效果对比

● 前景/背景抖动：在此输入数值或拖动滑块，可以在应用笔刷时，控制笔刷的颜色变化情况。数值越大，笔刷的颜色发生随机变化时越接近于背景色；反之数值越小，笔刷的颜色发生随机变化时越接近于前景色。

● 色相抖动：此选项用于控制笔刷色调的随机效果，数值越大，笔刷的色调发生随机变化时越接近于背景色；反之数值越小，笔刷的色调发生随机变化时越接近于前景色。

● 饱和度抖动：此选项用于控制笔刷饱和度的随机效果，数值越大，笔刷的饱和度发生随机变化时，越接近于背景色的饱和度；反之数值越小，笔刷的饱和度发生随机变化时，越接近于前景色的饱和度。

● 亮度抖动：此选项用于控制笔刷亮度的随机效果，数值越大，笔刷的亮度发生随机变化时，越接近于背景色色调；反之数值越小，笔刷的亮度发生随机变化时，越接近于前景色亮度。

● 纯度：在此输入数值或拖动滑块，可以控制笔画的纯度，数值为−100时，笔画呈现饱和度为0的效果；反之数值为100时，笔画呈现完全饱和的效果。

图6.27所示是选择"颜色动态"复选框前后的效果对比。

图6.27 选择"颜色动态"复选框前后的效果对比

Tips 提示

为方便操作实例，在选择"颜色动态"复选框时，将"色相抖动"设置为50%。

6.2.6 传递

选择此选项后，此时的对话框如图6.28所示。但需要注意的是，其中的"湿度抖动"与"混合抖动"参数主要是针对混合器画笔工具 使用的。

● 不透明度抖动：此参数用于控制画笔的随机不透明度效果。图6.29所示是数值分别设置为10%和100%时的效果。

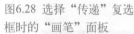

图6.28 选择"传递"复选
框时的"画笔"面板

图6.29 不同"不透明度抖动"数值时的效果

- 湿度抖动：在混合器画笔工具 ✓ 选项条上设置了"潮湿"参数后，在此处可以控制其动态变化。
- 混合抖动：在混合器画笔工具 ✓ 选项条上设置了"混合"参数后，在此处可以控制其动态变化。

6.2.7 画笔笔势

在Photoshop CS6中，在"画笔"面板中新增了"画笔笔势"选项，当使用光笔或绘图笔进行绘画时，在此选项中可以设置相关的笔势及笔触效果。

6.2.8 创建自定义画笔

在实际工作过程中，"画笔"面板所列的笔刷远远不能满足各种任务的需要，因此我们必须掌握创建新笔刷的方法。

Photoshop定义笔刷的方法非常灵活，只需绘制所需要的笔刷形状，然后将其用任何一种选择工具选中，执行"编辑"|"定义画笔预设"命令即可。

图6.30所示为原图像，将其用套索工具 ⌀ 选中后，执行"编辑"|"定义画笔预设"命令，将弹出如图6.31所示的对话框，在"名称"输入框中为画笔取一个名称，单击"确定"按钮后即可在"画笔"面板中找到使用此图像定义的笔刷。

图6.30 原图像

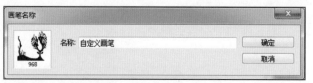

图6.31 "画笔名称"对话框

除上述方法外，也可以在"画笔"面板中设置已存在的笔刷的参数，单击"画笔"面板右下角的"创建新笔刷"按钮 ，将其定义为一个新的笔刷。

Tips 提示

最好在白色背景下绘制笔刷，否则创建的笔刷将具有背景，图6.32所示为定义笔刷时的背景效果，图6.33所示为在此状态下取得的笔刷，可以看出笔刷具有非常明显的背景。

图6.32 在杂色背景上定义笔刷

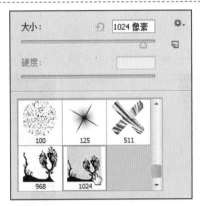

图6.33 具有背景的笔刷效果

Tips 提示

在使用选择工具选择笔刷时，必须确保选择工具羽化值为0，否则无法执行"编辑"|"自定画笔预设"命令。

6.3 混合器画笔工具

使用混合器画笔工具 可以模拟绘画的笔触进行艺术创作，如果配合手写板进行操作，将会变得更加自由、更像在自己的画板上绘画，其工具选项条如图6.34所示。

图6.34 混合器画笔工具选项条

下面来讲解一下各参数的含义：

● 当前画笔载入：在此可以重新载入或者清除画笔。在此下拉菜单中选择"只载入纯色"命令，此时按住Alt键将切换至吸管工具 吸取要涂抹的颜色。如果没有选中此命令，则可以像仿制图章工具📷一样，定义一个图像作为画笔进行绘画。直接单击此缩览图，可以调出"选择绘画颜色"对话框，选择一个要绘画的颜色。

● "每次描边后载入画笔"按钮✅：选中此按钮后，将可以自动载入画笔。

● "每次描边后清理画笔"按钮❌：选中此按钮后，将可以自动清理画笔，也可以将其理解成为画家绘画一笔之后，是否要将画笔洗干净。

● 画笔预设：在此下拉菜单中有多种预设的画笔，选择不同的画笔预设，可自动设置后面的"潮湿"、"载入"以及"混合"等参数。

● 潮湿：此参数可控制绘画时从画布图像中拾取的油彩量。例如，图6.35所示是原图像，图6.36所示是分别设置此参数为0和100时的不同涂抹效果。

图6.35 原图像　　　　　　　　图6.36 分别设置"潮湿"数值为0和100时的涂抹效果

● 载入：此参数可控制画笔上的油彩量。

● 混合：此参数可控制色彩混合的强度，数值越大混合的越多。

例如，图6.37所示为原图像，图6.38所示是使用混合器画笔工具✅涂抹后的效果，图6.39所示是仅显示涂抹内容时的状态。

图6.37 原图像　　　　　图6.38 涂抹后的效果　　　图6.39 仅显示涂抹内容时的状态

6.4 渐变工具

渐变工具用于创建不同颜色之间的混合过渡效果。Photoshop提供了可以创建5类渐变的渐变工具，即"线性渐变"、"径向渐变"、"角度渐变"、"对称渐变"、"菱形渐变"。

6.4.1 "渐变工具"详解

渐变工具的使用较为简单，其操作步骤如下：

① 在工具箱中选择渐变工具。

② 在其工具选项条所示的5种渐变类型中选择合适的渐变类型。

③ 单击渐变类型选择框右侧的下三角按钮，在弹出的如图6.40所示的"渐变类型"面板中选择合适的渐变效果。

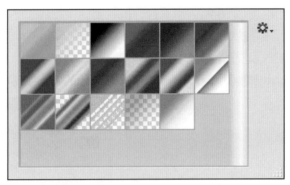

图6.40 "渐变类型"面板

④ 设置渐变工具的工具选项条中的其他选项。

⑤ 在图像中拖动渐变工具，即可创建渐变效果。

Tips 提示

拖动过程中拖动的距离越长，则渐变过渡越柔和，反之过渡越急促。如果在拖动过程中按住Shift键，则可以在水平、垂直或45°方向应用渐变。

在Photoshop中，可以通过在工具选项条中单击相应按钮，分别创建如图6.41所示的五种渐变。

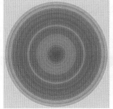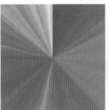

图6.41 五种渐变效果

选择渐变工具后，工具选项条如图6.42所示。

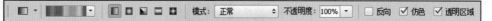

图6.42 渐变工具选项条

工具选项条中的重要选项如下：

● 模式：选择其中的选项可以设置渐变颜色与底图的混合模式。

● 不透明度：在此可设置渐变的不透明度，数值越大，渐变越不透明，反之越透明。

● 反向：选择该复选框，可以使当前的渐变反向填充。

● 仿色：选择该复选框，可以平滑渐变中的过渡色，防止在输出混合色时出现色带效果，从而导致渐变过渡出现跳跃效果。

● 透明区域：选择该选项可使当前的渐变按设置呈现透明效果，反之，即使此渐变具有透明效果，也无法显示出来。

6.4.2 创建实色渐变

虽然Photoshop自带的渐变方式足够丰富，但在某些情况下，还是需要自定义新的渐变以配合图像的整体效果。创建实色渐变的步骤如下：

① 在渐变工具 的工具选项栏中选择任意一种渐变方式。

② 单击渐变色条，如图6.43所示，调出如图6.44所示的"渐变编辑器"对话框。

图6.43 渐变工具选项栏　　　　图6.44 "渐变编辑器"对话框

③ 单击"预设"区域中的任意渐变，基于该渐变来创建新的渐变。

④ 在"渐变类型"下拉列表中选择"实底"选项，如图6.45所示。

⑤ 单击渐变色条起点处的颜色色标以将其选中，如图6.46所示。

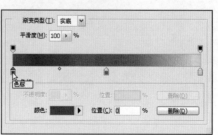

图6.45 选择"实底"选项　　　　图6.46 选中色条

⑥ 单击对话框底部"颜色"右侧的▶按钮，弹出选项菜单，其中各选项释义如下：

● 前景：选择此选项，可以使此色标所定义的颜色随前景色的变化而变化。

● 背景：选择此选项，可以使此色标所定义的颜色随背景色的变化而变化。

● 用户颜色：如果需要选择其他颜色来定义此色标，可以单击色块或者双击色标，在弹出的"拾色器（色标颜色）"对话框中选择颜色。

⑦ 按照本例⑤～⑥中介绍的方法为其他色标定义颜色，此处创建的是一个黑、红、白的三色渐变，如图6.47所示。如果需要在起点色标与终点色标中添加色标以将该渐变定义为多色渐变，可以直接在渐变色条下面的空白处单击（图6.48），然后按照⑤～⑥中介绍的方法，定义该处色标的颜色，此处将该色标设置为黄色，如图6.49所示。

图6.4 三色渐变

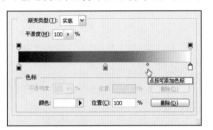

图6.48 创建多色渐变

⑧ 要调整色标的位置，可以按住鼠标左键将色标拖动到目标位置，或者在色标被选中的情况下，在"位置"数值框中键入数值，以精确定义色标的位置。图6.50所示为改变色标位置后的状态。

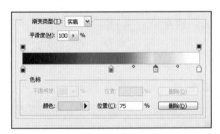

图6.49 定义颜色

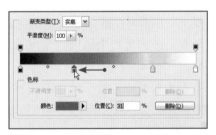

图6.50 改变色标位置后的状态

⑨ 如果需要调整渐变的缓急程度，可以单击两个色标中间的菱形滑块，如图6.51所示，然后拖动菱形滑块。图6.52所示为向右侧拖动菱形滑块后的状态。

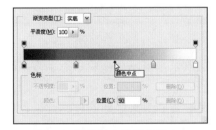

图6.51 调整渐变的缓急程度

图6.52 向右拖动的状态

⑩ 如果要删除处于选中状态下的色标，可以直接按Delete键，或者按住鼠标左键向下拖动，直至该色标消失为止。图6.53所示为将最右侧的白色色标删除后的状态。

⑪ 完成渐变颜色设置后，在"名称"文本框中键入该渐变的名称。

⑫ 如果要将渐变存储在"预设"区域中，可以单击"新建"按钮。

⑬ 单击"确定"按钮，退出"渐变编辑器"对话框，新创建的渐变自动处于被选中的状态。图6.54所示为应用前面创建的实色渐变制作的渐变文字"彩铃"。

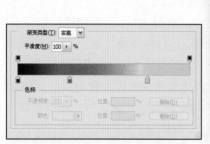

图6.53 删除白色色标后的状态　　　　　图6.54 渐变效果

如果要将当前对话框预设面板中的所有渐变保存为一个可调用的文件，可以单击对话框中的"存储"按钮。

6.4.3 创建透明渐变

在Photoshop中除了可以创建不透明的实色渐变外，还可以创建具有透明效果的渐变。要创建具有透明效果的渐变，步骤如下：

① 按照上一小节介绍的创建实色渐变的方法创建渐变，如图6.55所示。

② 在渐变色条需要产生透明效果位置处的上方单击鼠标左键，用以添加一个不透明度色标。

③ 在该不透明度色标处于被选中的状态下，在"不透明度"数值框中键入数值，如图6.56所示。

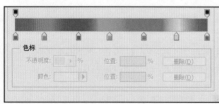

图6.55 创建渐变　　　　　图6.56 输入数值

④ 如果需要在渐变色条的多处位置产生透明效果，可以在渐变色条上方多次单击鼠标左键，以添加多个不透明度色标。

⑤ 如果需要控制由两个不透明度色标所定义的透明效果之间的过渡效果，可以拖动两个不透明度色标中间的菱形滑块。

图6.57所示为一个非常典型的具有多个不透明度色标的透明渐变。

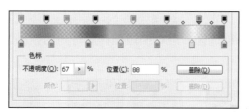

图6.57 透明渐变

6.5 选区的描边绘画

对选区进行描边，可以得到沿选区勾边的效果。在存在选区的状态下，执行"编辑"|"描边"命令，弹出如图6.58所示的"描边"对话框。

图6.58 "描边"对话框

● 宽度：设置描边线条的宽度。数值越大，线条越宽。

● 颜色：单击色块，在弹出的"选取描边颜色"对话框中为描边线条选择合适的颜色。

● 位置：此选项区域中的3个单选按钮可以设置描边线条相对于选区的位置，包括"内部"、"居中"和"居外"，图6.59所示为分别选中这3个单选按钮后所得到的描边效果。

● 保留透明区域：如果当前描边的选区范围内存在透明区域，则选择该复选框后，将不对透明区域进行描边。

(a) 选中"内部"单选按钮　(b) 选中"居中"单选按钮　(c) 选中"居外"单选按钮

图6.59 三种不同的描边效果

在"描边"对话框中，"混合"选项区域中的选项与"填充"对话框中的相同，在此不再赘述。图6.60所示分别为原选区、进行描边操作后得到的效果，以及对描边效果做简单处理后的效果。

(a) 原选区   (b) 描边效果   (c) 处理后的效果

图6.60 为选区描边后的效果

6.6 选区的填充绘画

可以按快捷键对选区内部填充前景色或背景色，也可以利用油漆桶工具 🖢 填充颜色或图案，还可以执行"编辑"|"填充"命令，在弹出的"填充"对话框中进行设置。在此只介绍"填充"对话框中的参数。

在存在选区的状态下，执行"编辑"|"填充"命令，弹出如图6.61所示的"填充"对话框。

图6.61 "填充"对话框

● 内容：在"使用"下拉列表中可以选择填充的类型，其中包括"前景色"、"背景色"、"颜色"、"图案"、"内容识别"、"历史记录"、"黑色"、"50%灰色"和"白色"9种。当选择"图案"选项时，其下面的"自定图案"选项被激活，单击其右侧下三角按钮 ☑ ，在弹出的"图案拾色器"面板中选择图案进行填充。

图6.62所示为有选区存在的图像，图6.63所示为填充图案后的效果，图6.64所示为添加其他设计元素后的效果。

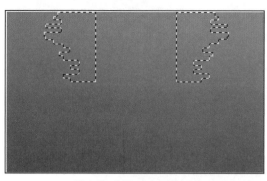
图6.62 有选区存在的图像

图6.63 为选区填充图案后的效果

图6.64 添加其他元素后的效果

● 混合：在此选项区域可以设置填充的"模式"、"不透明度"等属性。图6.65所示为原图像；图6.66所示为使用选择类工具制作的选区；图6.67所示为设置不同混合模式后，在选区中填充绿色得到的剪影效果。

图6.65 原图像

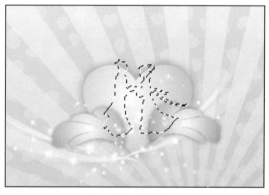
图6.66 制作的选区

图6.67 设置不同混合模式并填充绿色后的剪影效果

"内容识别"的智能填充方式,即在填充选定的区域时,可以根据所选区域周围的图像进行修补,甚至可以在一定程度上"无中生有"。从实际的使用效果来说,也确实为用户的图像处理工作提供了一个更智能、更有效率的解决方案。

下面通过一个简单的实例介绍此功能的使用方法:

① 打开随书所附光盘中的文件"第6章\6.6 选区的填充绘画-素材.jpg"。选择套索工具 ,然后将照片右上角多余的花盆选中,如图6.68所示。

② 执行"编辑|填充"命令,在弹出对话框的"使用"下拉菜单中选择"内容识别"选项,其他参数均保持默认,如图6.69所示。

图6.68 绘制选区

图6.69 "填充"对话框

③ 然后单击"确定"按钮,软件即会自动识别并进行图像的修复处理,如图6.70所示。图6.71所示是按Ctrl+D键取消选区后的最终效果。

图6.70 修复后的效果

图6.71 最终效果

6.7 自定义规则图案

Photoshop提供了大量的预设图案，我们可以通过预设管理器将其载入并使用，但即使再多的图案，也无法满足设计师们千变万化的需求，所以Photoshop提供了自定义图案的功能。

下面将通过一个简单的实例，讲解自定义图案的操作方法：

① 打开随书所附光盘中的文件"第6章\6.7 自定义规则图案-素材1.jpg"图像，如图6.72所示。

② 执行"编辑"|"定义图案"命令，在弹出的"图案名称"对话框中输入新图案的名称，如图6.73所示，单击"确定"按钮关闭对话框。

图6.72 素材图像　　　　　　　　　　图6.73 "图案名称"对话框

③ 打开随书所附光盘中的文件"第6章\6.7自定义规则图案-素材2.psd"图像，如图6.74所示，此时的"图层"面板如图6.75所示。

图6.74 素材图像　　　　　　　　　　图6.75 "图层"面板

④ 使用矩形工具 绘制如图6.76所示的矩形，单击"图层"面板底部的"创建新图层"按钮 ，得到"图层 2"，设置其填充色的颜色值为 f2bc25，此时的"图层"面板如图6.77所示。

图6.76 绘制矩形后的效果　　　　　　　图6.77 "图层"面板

⑤ 在确定保留选区的状态下，执行"编辑"|"填充"命令，在弹出的对话框中选择"图案"选项（图6.78），再设置其对话框如图6.79所示，单击"确定"按钮关闭对话框。按Ctrl+D键取消选区，得到如图6.80所示的效果及"图层"面板。

图6.78 "填充"对话框　　　　　　　图6.79 设置对话框后的效果

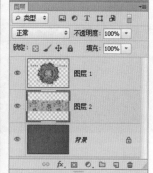

图6.80 最终效果及"图层"面板

6.8 变换对象

利用Photoshop的变换命令，可以对图像进行缩放、倾斜、旋转及变形等多种处理，在本节中，我们就来讲解一下各种变换操作的作用及使用方法。

6.8.1 缩放图像

缩放图像的操作方法如下：

① 选择要缩放的图像，执行"编辑"|"变换"|"缩放"命令或者按Ctrl+T组合键。

② 将鼠标指针放置在自由变换控制框的控制句柄上，当鼠标指针变为双箭头形状时拖动鼠标，即可改变图像的大小。其中，拖动左侧或右侧的控制句柄，可以在水平方向上改变图像的大小；拖动上方或下方的控制句柄，可以在垂直方向上改变图像的大小；拖动拐角处控制句柄，可以同时在水平和垂直方向上改变图像的大小。

③ 得到需要的效果后释放鼠标，并双击变换控制框以确认缩放操作。

图6.81所示为原图像，图6.82所示为缩小图像后的效果。

图6.81 原图像　　　　　　　　　　图6.82 缩小图像后的效果

 提示

> 在拖动控制句柄时，分别尝试按住Shift键和不按住Shift键进行操作，观察得到的不同效果。

6.8.2 旋转图像

如果要旋转图像，可以按照如下步骤进行操作：

① 打开随书所附光盘中的文件"第6章\6.8.2旋转图像-素材.psd"（图6.83），其对应的"图层"面板如图6.84所示。

图6.83 素材图像　　　　　　图6.84 "图层"面板

② 选择"图层1"，按Ctrl+T键弹出自由变换控制框。

③ 将光标置于控制框外围，当光标变为一个弯曲箭头↗时拖动鼠标，即可以中心点为基准旋转图像，如图6.85所示。按Enter键确认变换操作。

④ 按照上一步的方法分别对"图层2"和"图层3"中的图像进行旋转，直至得到如图6.86所示的效果。

图6.85 旋转图像   图6.86 最终效果

Tips 提示

如果需要按15°的倍数旋转图像，可以在拖动鼠标时按住Shift键，得到需要的效果后，双击变换控制框即可。

● 如果要将图像旋转180°，可以执行"编辑"|"变换"|"旋转180度"命令。

● 如果要将图像顺时针旋转90°，可以执行"编辑"|"变换"|"旋转90度（顺时针）"命令。

● 如果要将图像逆时针旋转90°，可以执行"编辑"|"变换"|"旋转90度（逆时针）"命令。

6.8.3 斜切图像

斜切图像是指按平行四边形的方式移动图像，斜切图像的步骤如下：

① 打开随书所附光盘中的文件"第6章\6.8.3斜切图像-素材.psd"，选择要斜切的图像，执行"编辑"|"变换"|"斜切"命令。

② 将鼠标指针拖动到变换控制框附近，当鼠标指针变为↗箭头形状时拖动鼠标，即可使图像在鼠标指针移动的方向上发生斜切变形。

③ 得到需要的效果后释放鼠标，并在变换控制框中双击以确认斜切操作。

图6.87所示为斜切图像的操作过程，其中最终效果图是将斜切的图像应用于视觉作品后的效果。

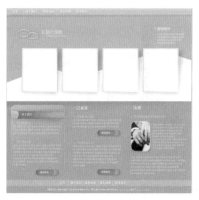

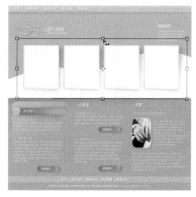

（a）原图像　　　　　　（b）执行"斜切"命令后调出变换控制框

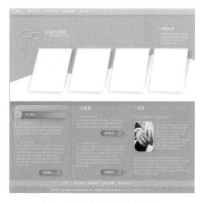

（c）执行命令后的效果　　　　（d）放入图片后的最终效果

图6.87 斜切图像的操作过程

6.8.4 扭曲图像

扭曲图像是应用非常频繁的一类变换操作。通过此类变换操作，可以使图像根据任何一个控制句柄的变动发生变形。扭曲图像的步骤如下：

① 打开随书所附光盘中的文件"第6章6.8.4扭曲图像-素材.jpg"，执行"编辑"|"变换"|"扭曲"命令。

② 将鼠标指针拖动到变换控制框附近或控制句柄上，当鼠标指针变为箭头形状时拖动鼠标，即可将图像拉斜变形。

③ 得到需要的效果后释放鼠标，并在变换控制框中双击以确认扭曲操作。

图6.88所示为扭曲图像的操作过程。

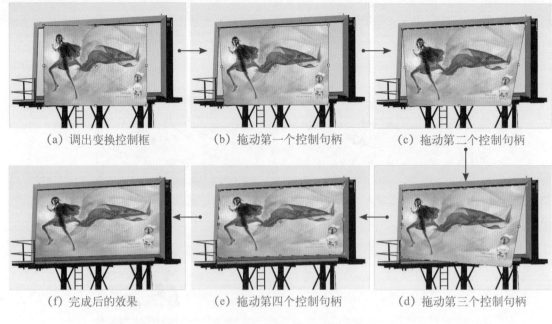

（a）调出变换控制框　　　　　（b）拖动第一个控制句柄　　　　　（c）拖动第二个控制句柄

（f）完成后的效果　　　　　（e）拖动第四个控制句柄　　　　　（d）拖动第三个控制句柄

图6.88 扭曲图像的操作过程

6.8.5 透视图像

通过对图像应用"透视"命令，可以使图像获得透视的效果。透视图像的步骤如下：

① 打开随书所附光盘中的文件"第6章\6.8.5 透视图像-素材1.jpg"和"第6章\6.8.5 透视图像-素材2.jpg"，执行"编辑"|"变换"|"透视"命令。

② 将鼠标指针移动到控制句柄上，当鼠标指针变为▶箭头形状时拖动鼠标，即可使图像发生透视变形。

③ 得到需要的效果后释放鼠标，双击变换控制框以确认透视操作。

为图像添加透视效果的操作过程如图6.89所示，其中最终效果图设置了图层的混合模式，从而将树图像与木桥图像融合在了一起。

图6.89 添加透视效果的操作过程

执行此操作时应该尽量缩小图像的观察比例，多显示一些图像工作区外的灰色区域，以便于拖动控制句柄。

6.8.6 翻转图像

执行"编辑"|"变换"|"水平翻转"命令，或者执行"编辑"|"变换"|"垂直翻转"命令，可分别以经过图像中心点的垂直线为轴水平翻转图像，或以经过图像中心点的水平线为轴垂直翻转图像。图6.90所示为原图像及对应的"图层"面板，图6.91所示分别为对图像进行水平和垂直翻转时的状态。

图6.90 素材图像及对应的"图层"面板

图6.91 水平及垂直翻转图像时的状态

6.8.7 再次变换

如果已进行过任何一种变换操作，可以执行"编辑"|"变换"|"再次"命令，以相同的参数值再次对当前操作图像进行变换操作，使用此命令可以确保前后两次变换操作的效果相同。例如，上一次变换操作将使图像旋转90°，选择此命令则可以对任意图像完成旋转90°的操作。

如果在选择此命令时按住Alt键，则可以对被操作图像进行变换操作并进行复制。如果要制作多个副本连续变换的效果，此操作非常有效，下面通过一个添加背景效果的小实例讲解此操作。

① 打开随书所附光盘中的文件"第6章\6.8.7 再次变换-素材.psd"，如图6.92所示。为便于操作，首先隐藏最顶部的图层。

图6.92 素材图像及对应的"图层"面板

② 设置前景色的颜色值为 ffc658，单击钢笔工具 ，选择其工具选项条上的"形状"选项，在图中绘制如图6.93所示的形状，得到"形状 1"图层。

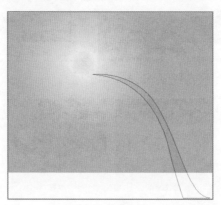

图6.93 绘制形状

③ 使用路径选择工具 ，选择"形状 1"图层矢量蒙版的路径，按Ctrl+Alt+T键调出自由变换并复制控制框。

④ 使用鼠标将控制中心点调整到顶部左边的控制句柄上，即曲线图形顶部的角度点，如图6.94所示。

⑤ 拖动控制框顺时针旋转－15°，可直接在工具选项条上输入数值 -15.0 度，得到如图6.95所示的变换效果。

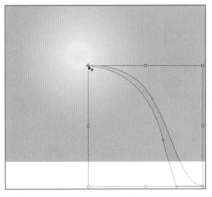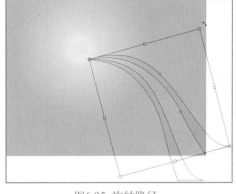

图6.94 调整控制中心点　　　　图6.95 旋转路径

6 按Enter键确认变换操作，连续按Ctrl+Alt+Shift+T键执行连续变换并复制操作，直至得到如图6.96所示的效果。图6.97是显示图像整体的状态，图6.98是显示步骤1隐藏图层后的效果，对应的"图层"面板如图6.99所示。

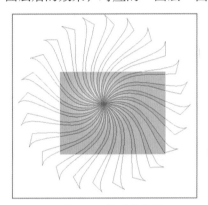

图6.96 变换后的效果　　　　图6.97 图像整体的状态

图6.98 隐藏图层后的效果　　　　图6.99 "图层"面板

6.8.8 变形图像

执行"变形"命令可以对图像进行更为灵活、细致的变换操作，如制作页面折角及翻转胶片等效果。执行"编辑"|"变换"|"变形"命令即可调出变形控制框，同时工具选项栏将显示为如图6.100所示的状态。

在调出变形控制框后，可以采用以下两种方法之一对图像进行变形操作：

● 直接在图像内部、锚点或控制句柄上拖动，直至将图像变形为所需的效果。

● 在如图6.101所示的工具选项条中的"变形"下拉列表中选择适当的形状。

图6.100 变形工具选项条

图6.101 "变形"工具选项栏中的下拉列表

变形工具选项条中的各参数如下：

● 变形：在其下拉列表中可以选择15种预设的变形类型。如果选择"自定"选项，则可以随意对图像进行变形操作。

Tips 提示

在选择了预设的变形选项后，无法再随意对变形控制框进行编辑。

● "更改变形方向"按钮：单击该按钮，可以改变图像变形的方向。

● 弯曲：输入正值或者负值，可以调整图像的扭曲程度。

● H、V：输入数值，可以控制图像扭曲时在水平和垂直方向上的比例。

下面讲解如何使用此命令变形图像。

① 分别打开随书所附光盘中的文件"第6章\6.8.8 变形图像-素材1.jpg"和"第6章\6.8.8 变形图像-素材2.jpg"，如图6.102和图6.103所示，将"素材2"拖至"素材1"中，得到"图层1"。

图6.102 素材图像1

图6.103 素材图像2

② 按F7键显示"图层"面板,在"图层1"的图层名称上右击,在弹出的快捷菜单中选择"转换为智能对象"命令,这样该图层即可记录下我们所做的所有变换操作。

③ 按Ctrl+T键调出自由变换控制框,按住Shift键缩小图像并旋转图像,将其置于白色飘带的上方,如图6.104所示。

④ 在控制框内右击,在弹出的快捷菜单中选择"变形"命令,以调出变形网格。

⑤ 将鼠标置于变形网格右下角的控制句柄上,然后向右上方拖动使图像变形,并与白色飘带的形态变化相匹配,如图6.105所示。

图6.104 变换并摆放图像位置　　　　　　图6.105 拖动变形网格

⑥ 按照上一步的方法,分别调整渐变网格的各个位置,直至得到如图6.106所示的状态。

⑦ 对图像进行变形处理后,按Enter键确认变换操作,得到的最终效果如图6.107所示。

图6.106 调整后的变形网格　　　　　　图6.107 变形后的最终效果

6.8.9 操控变形

操控变形功能以更细腻的网格、更自由的编辑方式,提供了极为强大的图像变形处理功能。在选中要变形的图像后,执行"编辑"|"操控变形"命令,即可调出其网格,此时的工具选项栏如图6.108所示。

图6.108 工具选项栏

"操控变形"命令的工具选项栏的参数介绍如下。

- 模式：在此下拉列表中选择不同的选项，变形的程度也各不相同。图6.109所示是分别选择不同选项，将人物手臂拖至相同位置时的不同变形效果。

图6.109 不同变形效果

- 浓度：此处可以选择网格的密度。越密的网格占用的系统资源就越多，但变形也越精确，在实际操作时应注意根据情况进行选择。

- 扩展：在此输入数值，可以设置变形风格相对于当前图像边缘的距离，该数值可以为负数，即可以向内缩减图像内容。

- 显示网格：选中此复选框时，将在图像内部显示网格，反之则不显示网格。

- "将图钉前移"按钮：单击此按钮，可以将当前选中的图钉向前移一个层次。

- "将图钉后移"按钮：单击此按钮，可以将当前选中的图钉向后移一个层次。

- 旋转：在此下拉列表中选择"自动"选项，则可以手动拖动图钉以调整其位置，如果在后面的输入框中输入数值，则可以精确地定义图钉的位置。

- "移去所有图钉"按钮：单击此按钮，可以清除当前添加的图钉，同时还会复位当前所做的所有变形操作。

在调出变形网格后，光标将变为✦状态，此时在变形网格内部单击即可添加图钉，用于编辑和控制图像的变形。以图6.110所示的图像为例，选中人物所在的图层后，执行"编辑" | "操控变形"命令，即调出如图6.111所示的网格。图6.112所示是添加并编辑图钉后的变形效果。

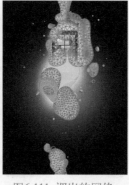

图6.110 原图像　　　　图6.111 调出的网络　　　　图6.112 变形效果

提示

在进行操控变形时，可以将当前图像所在的图层转换为智能对象图层，这样所做的操控变形就可以被记录下来，以供下次继续进行编辑。

本章小节

在本章中，主要讲解了Photoshop中的画笔、渐变、填充、描边以及变换图像等各种位图绘制与编辑方法，通过本章的学习，读者应能够熟悉使用画笔进行简单的图像绘制、用渐变工具绘制并填充选区、为选区进行填充和描边处理操作，另外读者也应该对变换、变形图像操作有较深的了解，以便于在实际工作过程中，根据需要对图像进行形态处理。

课后练习

一、选择题

1. 下列不属于画笔工具 选项中参数的是（　　）。

A. 不透明度 　　　　　　C. 流量

B. 模式 　　　　　　　　D. 填充不透明度

2. 在使用画笔工具 进行绘图的情况下，可以通过哪一组合键快速控制画笔笔尖的大小？（　　）

A. "<" 和 ">" 　　　　　C. "[" 和 "]"

B. "－" 和 "+" 　　　　　D. "Page Up" 和 "Page Down"

3. 在Photoshop中，当选择渐变工具时，在工具选项栏中提供了五种渐变的方式。下面四种渐变方式里，哪一种不属于渐变工具中提供的渐变方式？（　　）

A. 线性渐变 　　　　　　C. 径向渐变

B. 角度渐变 　　　　　　D. 模糊渐变

4. 下列可以对图像进行智能修复处理的"填充"选项是（　　）。

A. 历史记录 　　　　　　C. 背景色

B. 前景色 　　　　　　　D. 内容识别

5. 下列关于"编辑 | 填充"命令的说法中，错误的是（　　）。

A. 可以填充纯色 　　　　C. 可以填充图案

B. 可以填充渐变 　　　　D. 可以通过选择"内容识别"选项，对图像进行智能修复处理

6. 使用"画笔"面板可以完成的操作有（　　）。

A. 选择、删除画笔 　　　C. 设置画笔动态参数

B. 设置画笔大小、硬度 　D. 创建新画笔

7. 在"描边"对话框中，可以设置的属性有（　　）。

A. 颜色   C. 线条样式

B. 粗细   D. 混合模式

8. 下列可以用于对图像进行透视变换处理的有（　　）。

A. 选择"编辑 | 变换 | 自由变换"命令   C. 选择"编辑 | 变换 | 斜切"命令

B. 选择"编辑 | 变换 | 透视"命令   D. 选择"编辑 | 变换 | 旋转"命令

二、填空题

1. 通过设置画笔的（　　）数值，可以设置笔刷边缘的柔和程度，数值越大，笔刷的边缘越清晰，数值越小，边缘越柔和。

2. 按（　　）键可以显示或隐藏"画笔"面板。

3. 要绘制圆形彩虹效果，可以在选择彩虹渐变后，使用渐变工具选项条中的（　　）工具进行绘制。

4. 在"描边"对话框中，可以设置其位置为（　　）、（　　）和（　　）。

5. 要在重复上一步变换的同时执行复制操作，可以按（　　）键。

三、判断题

1. Photoshop中当使用画笔工具 🖌 时，按住Alt键，可暂时切换到吸管工具 🖋 。（　　）

2. Photoshop提供了大量的预设渐变，因此不需要自定义渐变即可完成工作。（　　）

3. 在自定义图案时，必须使用没有羽化的圆形或方形选区进行定义。（　　）

4. 在"画笔"面板的参数锁定区中单击锁形图标 🔓 使其变为 🔒 状态，就可以将该动态参数所做的设置锁定。

5. 在"画笔"面板中选择"传递"选项后，可以在右侧设置"不透明度抖动"、"颜色抖动"等参数。

四、上机操作题

1. 打开随书所附光盘中的文件"第6章\习题1-素材.psd"，如图6.113所示，结合画笔的"圆度"参数以及混合模式等设置，绘制得到如图6.114所示的动感线条效果。

图6.113 素材图像   图6.114 添加动感线条效果

2. 打开随书所附光盘中的文件"第6章\习题2-素材.psd"（图6.115），将其定义成为图案。

图6.115 素材图像

3. 打开随书所附光盘中的文件"第6章\习题3-素材.tif"，如图6.116所示。执行"色彩范围"命令选中其中的高光区域图像，然后为其填柔光图像，得到如图6.117所示的效果。

图6.116 素材图像　　　　　　　图6.117 填充效果

4. 打开随书所附光盘中的文件"第6章\6.9习题4-素材.jpg"，如图6.118所示。使用渐变工具 并结合其工具选项条上的"柔光"混合模式，对天空进行降暗处理，直至得到如图6.119所示的效果。

图6.118 素材图像　　　　　　　图6.119 降暗效果

5. 打开随书所附光盘中的文件"第6章\习题5-素材.psd"（图6.120），结合变换功能，制作得到如图6.121所示的效果。

图6.120 素材图像　　　图6.121 变换效果

第7章

路径与形状功能详解

在Photoshop软件操作中，路径与形状是非常重要的技术，其特点是自由绘制，而不受图像的影响，例如图像纹理、图像大小等。同样，在可编辑性上也具有相当大的空间，绘制完的路径或形状可以自由修改外形，此功能是选区无法比拟的。本章将详细讲解关于路径与形状的绘制、编辑等。

7.1 Photoshop中的矢量绘画

路径是Photoshop中的强大功能之一，它是基于贝塞尔曲线建立的矢量图形。原则上，所有使用矢量绘图软件或矢量绘图工具制作的线条，都可以被称为路径。

本章将详细讲解如何在Photoshop中创建路径、保存路径、制作剪贴路径及绘制形状等，并深入剖析形状与路径之间的关系。

7.1.1 使用路径选择图像的原因

由于使用路径抠图基本上都是使用手动绘制的方法，所以不适合抠选细节非常多的图像，通常我们都是使用它来选择边缘较为平滑或较为规则的图像。这样能够充分发挥路径自身的矢量特性，从而平滑、完美地将图像选择出来，而其操作方法则与沿物体边缘绘制路径完全相同。

通过使用路径围绕图像绘制一个精确的路径线后，直接将路径线转换为选区，即可完成整个抠选的过程。

7.1.2 使用路径选择图像

1. 绘制精美图形

在Photoshop中用于绘制路径的主要工具是钢笔工具 🖊️，此工具具有强大的路径绘制功能。图7.1所示为使用此工具绘制的路径，图7.2所示为添加修饰性图形并填充颜色后的效果。

图7.1 路径图　　　　　　　　　　图7.2 由路径得到的精美图形

2. 制作精确选择区域

在大多数情况下，制作精确的选区必须使用路径来完成。图7.3所示为一个女孩的路径及由此路径创建的选择范围。

图7.3 使用钢笔工具创建的路径及由此路径创建的选区

3. 制作不规则选区

除了用于制作精确、复杂的选择区域外，路径还被用于制作形状不规则同时有曲线和直线的选择区域。图7.4所示为一条不规则路径制作的选区及不规则选区在网页中的应用。

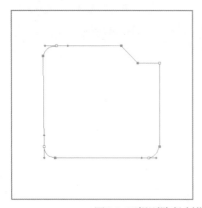 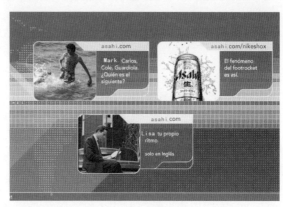

图7.4 不规则路径制作的选区及不规则选区在网页中的应用

7.1.3 Photoshop中绘制路径/形状的工具

任何一个形状工具都可以创建3种结果的对象，即形状图层、路径、填充前景色的图像，以矩形工具 ▣ 为例，分别单击不同的按钮时，其工具选项条中的参数也会发生相应的变化，如图7.5所示。

图7.5 单击选择不同选项时的工具选项条状态

● 选择"形状"选项，将创建一个形状图层。

● 选择"路径"选项，创建一条路径。

● 选择"像素"选项，将在当前图层中创建一个填充前景色的图像。

在Photoshop中，除了钢笔工具 ⬝、自由钢笔工具 ⬝以及磁性钢笔工具无法直接绘制图像像素外，其他形状工具均支持以上3种绘画结果的设置。

7.1.4 路径与形状之间的关系

前面讲解的形状实际上是由路径构成的，唯一不同的是路径是一个虚体，它只是一条路径线，也不在"图层"面板中占用任何位置，原因就是它们不包括任何的图像像素，我们只能在"路径"面板中查看到该路径。而形状本身则具有了一种颜色（由填充到路径中的图像像素得到），使路径勾勒出来的范围能够以该颜色显示在画布中，也正是基于此，绘制出的形状可以在打印输出时显示出来。

7.2 初识路径

7.2.1 路径的基本组成

路径是基于贝塞尔曲线建立的矢量图形，所有使用矢量绘图软件或矢量绘图工具制作的线条，原则上都可以称为路径。

路径可以是一个点、一条直线或一条曲线，除了点外的其他路径均由锚点和锚点之间的线段构成。如果锚点之间的线段曲率不为零，锚点的两侧还有控制句柄。锚点与锚点之间的相对位置关系，决定了这两个锚点之间路径线的位置，锚点两侧的控制句柄控制该锚点两侧路径线的曲率。

图7.6所示如用"钢笔工具" ⬝绘制的一条路径，路径线、锚点和控制句柄是其基本组成元素。

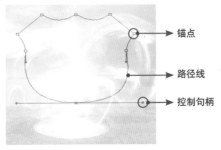

图7.6 路径的组成结构

7.2.2 路径中的锚点分类

在路径中通常有3类锚点，即直角型锚点、光滑型锚点和拐角型锚点。

● **直角型锚点**：如果一个锚点的两侧为直线路径线段且没有控制句柄，则此锚点为直角型锚点。移动此类锚点时，其两侧的路径线段将同时发生移动，如图7.7所示。

图7.7 直角型锚点及控制够本的调整实例

● **光滑型锚点**：如果一个锚点的两侧均有平滑的曲线形路径线，则该锚点为光滑型锚点。拖动此类锚点两侧控制句柄中的一个时，另外一个会随之向相反的方向移动，路径线同时发生相应的变化，图7.8所示为光滑型锚点及调整实例。

图7.8 光滑型锚点及控制句柄的调整实例

● **拐角型锚点**：此类锚点的两侧也有两个控制句柄，但两个控制句柄不在一条直线上，而且拖动其中一个控制句柄时，另一个不会跟随一起移动。图7.9所示为拐角型锚点及控制句柄的调整实例。

图7.9 拐角型锚点及控制句柄的调整实例（右侧均为左侧图像局部的放大效果）

7.3 使用钢笔工具绘制路径

创建路径最常用的是钢笔工具 ，用钢笔工具 在页面中单击确定第一点，然后在另一位置单击，两点之间创建一条直线路径；如果在单击另一点时拖动鼠标，则可以得到一条曲线路径。

选择钢笔工具 后，其工具选项条如图7.10所示。

图7.10 钢笔工具选项条

单击工具选项条中的设置按钮 ，在弹出的面板中，在"橡皮带"复选框被选中的情况下，绘制路径时可以依据节点与钢笔光标之间的线段，标识出下一段路径线的走向，如图7.11所示。

图7.11 橡皮带效果

如果要创建闭合路径，将光标放在第一个节点上，当光标下面显示一个小圆时单击，即可得到闭合的路径。

在路径绘制结束后，如果要创建开放的路径，在工具箱中选择直接选择工具，然后在工作页面上单击一下，放弃对路径的选择；也可以在绘制过程中按Esc键退出路径的绘制状态，以得到开放的路径。

7.3.1 绘制开放路径

如果需要绘制一条开放路径，可以在路径终点切换为直接选择工具，然后在工作页面上单击一下，放弃对路径的选定。也可以在完成对开放路径的绘制后，再随意向下绘制一个锚点，然后按Delete键删除该锚点。

 提示

按此方法仅需按Delete键一次，如果按2次将删除整条路径，按3次将删除屏幕所显示的全部路径。

7.3.2 绘制闭合路径

要绘制闭合路径，必须使路径的最后一个锚点与第一个锚点相重合。

在绘制结束时，如果将光标置于路径第一个锚点处，在光标的右下角处显示一个小圆圈（图7.12），此时单击该处即可使路径闭合。

7.3.3 绘制直线型路径

最简单的路径是直线型路径，在绘制时将光标放在要绘制直线路径的开始点，单击以确定第1个锚点，在直线结束的地方再次单击确定第2个锚点的位置，两个锚点之间将创建一条直线型路径。如果在单击确定第2个锚点的同时按住Shift键，则可绘制出水平、垂直或45°角的直线路径。

7.3.4 绘制曲线型路径

曲线路径的线条有一定的曲率，路径中的锚点两侧至少有一个控制句柄，如图7.13所示。

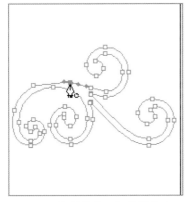 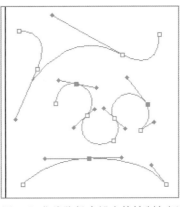

图7.12 绘制结束及钢笔的状态　　图7.13 曲线路径中锚点的控制句柄

曲线型路径的绘制工作并不复杂，要绘制曲线型路径，可以按下述步骤操作：

① 在绘制时将钢笔工具 的笔尖放在要绘制路径的开始点位置，单击以确定第1个点作为起始锚点。

② 单击确定第2个锚点的同时按住鼠标左键不放，并向某方向拖动，直到路径线出现合适的曲率。在绘制第2点时，控制句柄的拖动方向及长度决定曲线段的方向及曲率。按此方法不断绘制，即可绘制出相连接的曲线路径。

7.3.5 在曲线段后连接直线段

要在曲线段后绘制直线，可以按下述方法操作：

① 按照通常绘制路径的方法确定第2个锚点（此锚点具有2个控制句柄）。

② 按住Alt键单击此锚点中心，取消一侧的控制句柄。

③ 继续向下绘制直线路径。

图7.14所示显示了如何使用此方法进行操作。

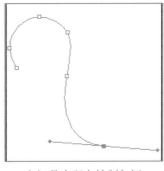 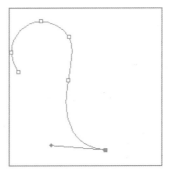 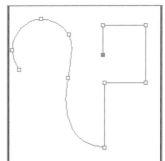

(a) 具有双向控制句柄　　　(b) 单击后取消一侧控制句柄　　　(c) 继续向下绘制直线

图7.14 使用钢笔工具绘制路径实例

钢笔工具 ✐ 的操作绝非依靠上面的讲解就可以完全明白，这些只是带领读者了解它可以做哪些操作，要真正可以灵活、快速、准确地绘制路径，读者还需要亲自动手多实践，慢慢培养出用它绘制路径的"感觉"。

7.4 使用形状工具绘制路径

利用Photoshop中的形状工具，可以非常方便地创建各种几何形状或路径。在工具箱中的形状工具组上单击鼠标右键，将弹出隐藏的形状工具。使用这些工具都可以绘制各种标准的几何图形。用户可以在图像处理或设计的过程中，根据实际需要选用这些工具。图7.15所示就是一些采用形状工具绘制得到的图形，并应用于设计作品后的效果。

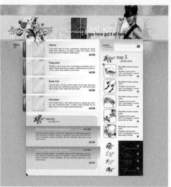

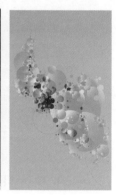

图7.15 设计效果

7.4.1 精确创建图形

在Photoshop CS6中，在矢量绘图方面提供了更强大的功能，在使用矩形工具 ▢、椭圆工具 ◯、自定形状工具 ✿ 等图形绘制工具时，可以在画布中单击，此时会弹出一个相应的对话框，以使用椭圆工具 ◯ 在画布中单击为例，将弹出如图7.16所示的参数设置对话框，在其中设置适当的参数并选择选项，然后单击"确定"按钮，即可精确创建圆角矩形。

图7.16 "创建自定形状"对话框

7.4.2 调整形状大小

在Photoshop CS6中，对于形状图层中的路径，可以在工具选项上精确调整其大小。使用路径选择工具，选中要改变大小的路径后，在工具选项上的W和H数值输入框中输入具体的数值，即可改变其大小。

若是选中W与H之间的链接形状的宽度和高度按钮∞，则可以等比例调整当前选中路径的大小。

7.4.3 调整路径的上下顺序

在绘制多个路径时，常需要调整各条路径的上下顺序，在Photoshop CS6中，提供了专门用于调整路径顺序的功能。

在使用路径选择工具，选择要调整的路径后，可以单击工具选项条上的路径排列方式按钮，此时将弹出如图7.17所示的下拉列表，选择不同的命令，即可调整路径的顺序。

图7.17 调整路径顺序的菜单

7.4.4 调整形状大小

在Photoshop CS6中，对于形状图层中的路径，可以在工具选项上精确调整其大小。使用路径选择工具，选中要改变大小的路径后，在工具选项上的W和H数值输入框中输入具体的数值，即可改变其大小。

若是选中W与H之间的链接形状的宽度和高度按钮∞，则可以等比例调整当前选中路径的大小。

7.4.5 创建自定义形状

如果在形状面板中没有合适的形状，根据需要我们可以自己创建新的自定义形状，要创建自定义形状，可以按照下述步骤操作：

① 选择并使用钢笔工具 创建所需要形状的外轮廓路径，如图7.18所示。

② 使用路径选择工具 将路径全部选中。

③ 执行"编辑"|"定义自定形状"命令，在弹出的如图7.19所示的对话框中输入新形状的名称，然后单击"确定"按钮。

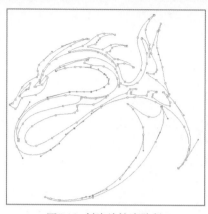

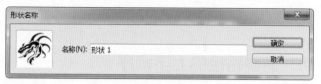

图7.18 创建外轮廓路径　　　　　　　　　图7.19 "形状名称"对话框

④ 单击自定形状工具，打开形状列表框，即可从中选择自定义的形状，如图7.20所示。

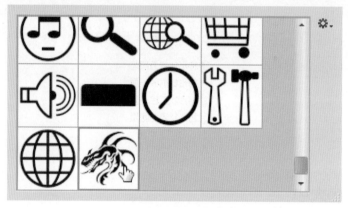

图7.20 选择自定义形状

7.5 形状图层

7.5.1 创建"形状图层"

通过在图像上方创建"形状图层"，可以在图像上方创建填充有前景色的几何形状，此类图层具有非常灵活的矢量特性。

创建"形状图层"，具体操作步骤如下：

① 在工具箱中选择任意一种形状工具。

② 选择工具选项条中的"形状"选项。

③ 设置"前景色"为希望得到的填充色。

④ 使用绘制形状工具在图像中绘制形状即可。

通过以上步骤即可得到一个新的"形状图层"，图7.21所示为使用多个"形状图层"绘制的标志，此时的"图层"面板如图7.22所示。

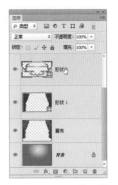

图7.21 形状图层效果　　　　　　图7.22 "图层"面板

通过观察"图层"面板，可以看出：

● "形状图层"自动以"形状X"命名（此处的X代表"形状图层"的层数值）。

● "形状图层"的实质是颜色填充图层与路径剪贴蒙版的结合体。

● "形状图层"的填充颜色取决于前景色。

7.5.2 为形状图层设置填充与描边

在Photoshop CS6中，可以直接为形状图层设置渐变及描边的颜色、粗细、线型等属性，从而更加方便地对矢量图形进行控制。

要为形状图层中的图形设置填充或描边属性，可以在"图层"面板中选择相应的形状图层，然后在工具箱中选择任意一种形状绘制工具或路径选择工具 ，在其工具选项条上即可显示如图7.23所示的参数。

图7.23 工具选项条中关于设置形状填充及线条属性参数

● 填充或描边颜色：单击"填充颜色"或"描边颜色"按钮，在弹出的类似如图7.24所示的面板中可以选择形状的填充或描边颜色，其中可以设置的填充或描边颜色类型为无、纯色、渐变和图案4种。

● 描边粗细：在此可以设置描边的线条粗细数值。例如图7.25所示是将描边颜色设置为紫红色，且描边粗细为6点时得到的效果。

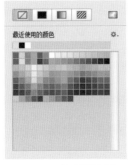

图7.24 可设置的颜色　　　　　　图7.25 设置描边后的效果

● 描边线型：在此下拉列表中，如图7.26所示，可以设置描边的线型、对齐方式、端点及角点的样式。若单击"更多选项"按钮，将弹出如图7.27所示的对话框，在其中可以更详细地设置描边的线型属性。图7.28所示是将描边设置为点线时的效果。

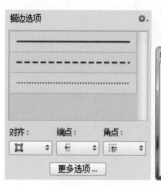

图7.26 "描边选项"面板　　　图7.27 "描边"对话框　　　图7.28 设置虚线描边后的效果

7.5.3 栅格化"形状图层"

由于"形状图层"具有矢量特性，因此在此图层中无法进行像素级别的编辑。例如，用画笔工具 ✏️ 绘制线条、使用"滤镜"菜单中的命令等，这样就限制了用户对其进行进一步处理的可能性。

要去除"形状图层"的矢量特性以使其像素化，执行"图层"|"栅格化"|"形状"命令。

 提示

由于"形状图层"具有矢量特性，因此不用担心会因为缩放等操作而降低图像质量。在操作过程中，尽量不要执行栅格化"形状图层"的操作，如果一定要执行，那么最好复制一个"形状图层"留做备份。

7.6 编辑路径

7.6.1 添加锚点工具

要添加锚点，选择添加锚点工具 ✒️，将光标放在需要添加锚点的路径上，当光标变为添加锚点钢笔图标 ✎ 时单击。也可以在使用钢笔工具 ✒️ 时，直接将此工具的光标放在路径线上，等光标变为添加锚点钢笔图标 ✎ 时单击，以添加锚点。

7.6.2 删除锚点工具

要删除锚点，选择删除锚点工具，将光标放在要删除的锚点上，当光标变为删除锚点钢笔图标时单击。

7.6.3 转换点工具

利用转换锚点工具可以将直角型锚点、光滑型锚点与拐角锚点进行互相转换。

将光滑型锚点转换为直线型锚点时，用转换锚点工具单击此锚点即可。

要将直线型锚点转换为光滑型锚点，可以用转换锚点工具单击并拖动此锚点，如图7.29所示。

图7.29 将直线型锚点转换为光滑型锚点

如果要删除路径线段，用直接选择工具选择要删除的线段，然后按Delete键即可。

7.6.4 将路径转换为选区

如前所述，路径的一大功能就是创建精确的或不规则的选区，要将绘制完成的路径转换为选区，操作很简单，可以采用下述3种方法中的一种：

● 在"路径"面板中单击"将路径作为选区载入"按钮。

● 选择要转换为选区的路径，按Ctrl+Enter组合键。

● 直接按住Ctrl键，在"路径"面板中单击要转换为选区的路径。

7.7 选择路径

7.7.1 路径选择工具

要选择整条路径，在工具箱中选择路径选择工具，直接单击需要选择的路径即可，当整条路径处于选中状态时，路径线呈黑色，如图7.30所示。

7.7.2 直接选择工具

要选择锚点，使用直接选择工具 ![icon] 单击该锚点。如果需要选择多个锚点，可以按住Shift键单击要添加的锚点，所选锚点呈实心显示，未选择的锚点呈空心显示，如图7.31所示。

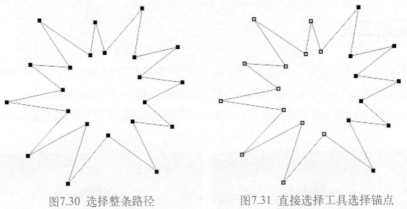

图7.30 选择整条路径　　　　　　　图7.31 直接选择工具选择锚点

7.8 使用"路径"面板管理路径

7.8.1 选择或取消路径

要选择路径，在"路径"面板中单击该路径的名字即可将其选中。

在通常状态下，绘制的路径以黑色线显示于当前图像中，这种显示状态将影响用户所做的其他大多数操作。

单击"路径"面板上的灰色区域，如图7.32所示中箭头所指的区域，可以取消所有路径的选定状态，即隐藏路径线。也可以在使用直接选择工具 ![icon] 或路径选择工具 ![icon] 的情况下，按Esc键或Enter键隐藏当前显示的路径。

图7.32 隐藏路径操作

7.8.2 创建新路径

单击"路径"面板底部的"创建新路径" 按钮，可以建立空白路径。另外使用路径绘制工具绘制路径时，如果当前没有在"路径"面板中选择任何一条路径，则Photoshop会自动创建一条"工作路径"。需要注意的是，在没有保存路径的情况下，绘制的新路径会替换原来的旧路径。

如果需要在新建路径时为其命名，可以按住Alt键并单击 按钮，在弹出的对话框中输入新路径的名称，单击"确定"按钮即可。

Tips 提示

> 在"路径"面板中没有改变路径名称的命令，但可以通过双击路径的名称，待其名称变为可输入状态时，在弹出的对话框中重新输入文字以改变路径的名称。

7.8.3 保存"工作路径"

在绘制新路径时，Photoshop会自动创建一条"工作路径"，该路径一定要在保存后才可以永久地保留下来。

要保存工作路径，可以双击该路径的名称，在弹出的对话框中单击"确定"按钮即可。

7.8.4 复制路径

复制路径的优点是，对于同样的路径无须进行重复性操作，只需执行复制路径操作即可，要复制路径可以执行以下操作之一：

- 如果当前使用的是直接选择工具 或路径选择工具 ，按住Alt键单击并拖动路径，可完成复制路径的操作。
- 如果当前使用的工具是钢笔工具 ，按Alt+Ctrl键并单击拖动路径，可完成复制路径的操作。
- 将要复制的路径选中后，执行"编辑"|"拷贝"、"粘贴"命令也可以复制路径，且粘贴后得到的路径位置与原路径相同。
- 在"路径"面板上将要复制的路径拖至"创建新路径"按钮 上，则可以复制该路径项中的所有路径。

7.8.5 删除路径

删除路径可以执行以下操作之一：

- 选中要删除的路径，单击"路径"面板底部的"删除当前路径"按钮 ，在弹出的对话框中单击"是"按钮，即可删除路径。
- 按住鼠标左键将要删除的路径拖至"路径"面板底部的"删除当前路径"按钮 上释放即可。

7.9 路径运算

路径运算是非常优秀的功能。通过路径运算，可以利用简单的路径形状得到非常复杂的路径效果。

要应用路径运算功能，需要在绘制路径的工具被选中的情况下，在工具选项条中单击 回 图标（在"形状"按钮右侧，此图标会根据所选择的选项发生变化），此时将弹出如图7.33 所示的面板。当在其工具选项条中选择"路径"选项时，各按钮的意义如下：

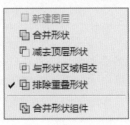

图7.33 路径运算面板

● 合并形状 回：使两条路径发生加运算，其结果是向现有路径中添加新路径所定义的区域。

● 减去顶层形状 回：使两条路径发生减运算，其结果是从现有路径中删除新路径与原路径的重叠区域。

● 与形状区域相交 回：使两条路径发生交集运算，其结果是生成的新区域被定义为新路径与现有路径的交叉区域。

● 排除重叠形状 回：使两条路径发生排除运算，其结果是定义生成新路径和现有路径的非重叠区域。

● 合并形状组件 回：使两条或两条以上的路径发生排除运算，使路径的锚点及线段发生变化，以路径间的运算模式定义新的路径。

在此以制作一个旭日东升的图形为例，讲解如何运用路径运算得到所需要的复杂路径。

① 打开随书所附光盘中的文件"第7章\7.9 路径运算-素材.psd"，显示标尺并在图像中设置如图7.34所示的水平参考线。

② 在"图层"面板中选择"渐变填充 1"的矢量蒙版，如图7.35所示。选择钢笔工具 ，在其工具选项条上选择"路径"选项和"减去顶层形状"选项，绘制一个以参考线为底端的路径，以减去波浪形状区域，得到海平面的效果，如图7.36所示。

图7.34 素材图像

图7.35 选择矢量蒙版

图7.36 得到海平面效果

③ 选择钢笔工具 ，在其工具选项条上选择"路径"选项，在黑色图形上方绘制如图7.37所示的半圆形路径。单击"创建新的填充或调整图层"按钮 ，在弹出的下拉菜单中选择"渐变"命令，设置弹出的对话框如图7.38所示，得到的效果如图7.39所示。

Tips 提示

在"渐变填充"对话框中，设置渐变类型为从 e7210e 到 ffe400。

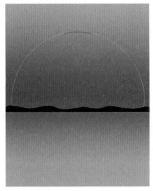

| 图7.37 绘制半圆形路径 | 图7.38 "渐变填充"对话框 | 图7.39 填充后的效果 |

④ 保持选择图层"渐变填充 2"的矢量蒙版，选择钢笔工具 ，在其工具选项条中选择"排除重叠形状"选项，在半圆形形状的右下方绘制小船的路径，以减去重叠区域图像，使其具有一个缺口，得到的效果及"图层"面板如图7.40所示。

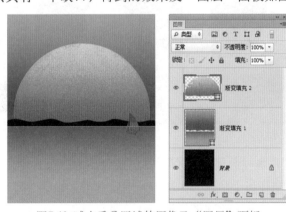

图7.40 减去重叠区域的图像及"图层"面板

⑤ 保持选择图层"渐变填充 2"的矢量蒙版，选择钢笔工具 ，在其工具选项条中单击"减去顶层形状"选项，在半圆形形状的左上方绘制海鸥的路径，得到剪影的效果如图7.41所示。

⑥ 重复步骤③的方法，在画面中绘制塔形形状，如图7.42所示。

图7.41 海鸥剪影效果　　图7.42 绘制塔形形状

Tips 提示

在"渐变填充"对话框中，设置渐变类型为从 fbf7a8 到 adcf0d。

⑦ 保持选择图层"渐变填充 3"的矢量蒙版，选择钢笔工具 ✐，在其工具选项条中选择"减去顶层形状"选项，在塔形形状的下方绘制小溪的路径，得到的效果如图7.43所示。为该图层添加"描边"图层样式后的效果及"图层"面板如图7.44所示。

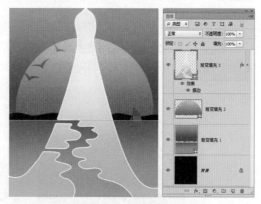

图7.43 绘制小溪路径后的效果　　图7.44 最终效果及"图层"面板

必须提醒读者的是，路径之间也是有上、下层关系的。虽然它不像图层那样可以明显地看到，但却实实在在地存在于路径的层次关系中，即最先绘制的路径位于最下方，这对于路径运算有着极大的影响。从实用角度来说，与其研究路径之间的层次关系，不如直接使用"形状图层"来完成复杂的运算操作，在此希望读者在操作时仅保持学习技术的心态，而不必将其应用于实际中。

7.10 用画笔描边路径

通过对路径进行描边操作，可以得到白描或其他特殊效果的图像。

对路径做描边处理，可以按下述步骤操作：

①在"路径"面板中选择需要进行描边的路径。

②在工具箱中设置描边所需的前景色。

③在工具箱中选择用来描边的工具。

④在工具选项条上设置用来描边的工具参数，选择合适的笔刷。

⑤在"路径"面板中单击"用画笔描边路径"按钮 。

如果当前路径项中包含的路径不止一条，则需要选择要描边的路径。按住Alt键单击"用画笔描边路径"按钮，或选择"路径"面板弹出菜单中的"描边路径"命令，将弹出"描边路径"对话框，在此对话框中可以选择用来描边的工具，如图7.45所示。

图7.45 "描边路径"对话框

图7.46所示为原路径，图7.47所示为应用圆形画笔进行描边后的效果。

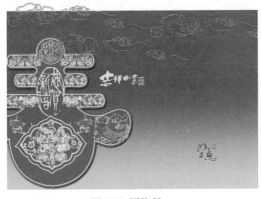

图7.46 原路径

图7.47 描边后的效果

本章小节

在本章中，主要讲解了Photoshop中使用钢笔工具 ✎、图形工具、路径选择工具 ▸、直接选择工具 ▸和"路径"面板等，以及绘制与编辑图形的方法。通过本章的学习，读者应对路径的基本概念、组成等有一个充分的了解，能够较熟练使用钢笔工具 ✎、图形工具等绘制得到各种简单的图形或抠选对象等。同时，还应该能够熟练使用"路径"面板对路径进行新建、保存及删除等管理操作。

课后练习

一、选择题

1. 下列关于路径的描述错误的是：（　　）。

A. 路径可以用画笔工具 ✐、铅笔工具 ✐、仿制图章工具 ✐ 等进行描边

B. 当对路径进行填充颜色的时候，路径不可以创建镂空的效果

C. 可以为路径填充纯色或图案

D. 按Ctrl+Enter键可以将路径转换为选区

2. 在使用钢笔工具 ✐ 时，按下（　　）键可以临时切换至直接选择工具 ▸。

A. Alt　　　　　　　　　　C. Shift+Ctrl

B. Ctrl　　　　　　　　　　D. Alt+Ctrl

3. 当单击"路径"面板下方的"用画笔描边路径"按钮 ○ 时，若想弹出选择描边工具的对话框，应按住（　　）键。

A. Alt　　　　　　　　　　C. Shift+Ctrl

B. Ctrl　　　　　　　　　　D. Alt+Ctrl

4. 在按住（　　）键的同时单击"路径"面板中的填充路径图标，会出现"填充路径"对话框。

A. Shift　　　　　　　　　　C. Ctrl

B. Alt　　　　　　　　　　D. Shift+Ctrl

5. 使用钢笔工具 ✐ 创建直线点的方法是（　　）。

A. 用钢笔工具 ✐ 直接单击

B. 用钢笔工具 ✐ 单击并按住鼠标键拖动

C. 用钢笔工具 ✐ 单击并按住鼠标键拖动使之出现两个把手，然后按住Alt键单击

D. 按住Alt键的同时用钢笔工具 ✐ 单击

6. 若将曲线点转换为直线点，应采用下列哪个操作？（　　）

A. 使用路径选择工具 ▸ 单击曲线点　　C. 使用转换点工具 ⌐ 单击曲线点

B. 使用钢笔工具 ✐ 单击曲线点　　D. 使用铅笔工具 ✐ 单击曲线点

7. 下列关于矢量信息和像素信息的描述，哪些是不正确的？（　　）

A. Photoshop只能存储像素信息，而不能存储矢量数据

B. 矢量图和像素图之间可以任意转化

C. 使用钢笔工具 ✐ 不可以直接绘制图像，但可以通过先绘制形状，然后将其栅格化的方式获得图像

D. 矢量图是由路径组成的，像素图是由像素组成的

8. 下列关于路径的描述正确的是（　　）。

A. 路径可以用画笔工具 ✎ 进行描边

B. 当对路径进行填充颜色的时候，路径不可以创建镂空的效果

C. "路径"面板中路径的名称可以随时修改

D. 路径可以随时转化为浮动的选区

9. 关于存储路径，以下说法正确的是（　　）。

A. 双击当前工作路径，在弹出的对话框中键入名字即可存储路径

B. 工作路径是临时路径，当隐藏路径后重新绘制路径，工作路径将被新的路径覆盖

C. 绘制工作路径后，新建路径，工作路径将被自动保存

D. 绘制路径后，在"路径"面板的面板菜单中选择"存储路径"，可以保存路径

10. 下列属于路径运算模式的是（　　）。

A. 合并形状

B. 减去顶层形状

C. 排除重叠形状

D. 与形状区域相交

二、填空题

1. 在创建形状时，选中工具选项条的（　　）按钮表示正在绘制形状图层。

2. 使用（　　）工具可以选择单个路径锚点。

3. 在Photoshop CS6中，可以直接为（　　）设置渐变填充、图案填充以及多种描边效果。

4. 在使用钢笔工具 ✎ 绘制路径时，若光标的右下角处显示一个（　　），此时单击该处即可使路径闭合。

5. 在使用钢笔工具 ✎ 时，可以选择（　　）和（　　）绘图模式。

三、判断题

1. Photoshop 只能存储像素信息，而不能存储矢量数据。（　　）

2. Photoshop中若将当前使用的钢笔工具 ✎ 切换为直接选择工具 ▶，应按住Shift 键。（　　）

3. 如果图像中有选区存在，可以将其转换为封闭的路径。（　　）

4. "路径"面板中的"工作路径"，若不将其保存起来，将在关闭图像文件后消失。（　　）

5. 可以使用仿制图章工具 ▣ 进行描边路径操作。（　　）

四、上机操作题

1. 试使用形状工具及画笔描边路径功能，制作得到如图7.48所示的效果。

图7.48 绘制效果

2. 打开随书所附光盘中的文件"第7章\ 习题2-素材.psd",如图7.49所示。通过设置形状的
   填充与描边属性,制作如图7.50所示的两种效果。

图7.49 素材图像

图7.50 制作效果

第8章

图层的合成处理功能

在Photoshop软件操作中，要使图像之间的融合恰到好处，图像的合成处理是一个常用的操作。本章将主要讲解合成处理中的几种常用方法，例如，如何设置图层的不透明度属性、混合模式属性，以及对剪贴蒙版、图层蒙版和矢量蒙版的具体操作等。

8.1 设置不透明度属性

通过设置图层的"不透明度"数值，可以改变图层的透明度。当图层的"不透明度"数值为10时，当前图层完全遮盖下方的图层；而当图层的"不透明度"数值小于100%时，可以隐约显示下方图层中的图像。通过改变图层的"不透明度"数值，可以改变图层的整体效果。

如图8.1所示是分别设置钻石形图像所在图层的"不透明度"数值为100%和60%时的效果对比。

　　(a) 设置"不透明度"数值为100%　(b) 设置"不透明度"数值为60%

图8.1 设置不同"不透明度"数值时的效果对比

Tips 提示

要控制图层的透明度，除了可以在"图层"面板中改变"不透明度"文本框中的数值外，还可以在未选中绘图类工具的情况下，直接按键盘上的数字，其中"0"代表100%，"1"代表10%，"2"代表20%，其他数值以此类推。如果快速单击两个数值，则可以取得此数值的百分数值，例如，快速单击数字"3"和"4"，则代表34%。

8.2 设置图层混合模式

混合模式可以控制上下图层中图像的混合效果，默认情况下，单击"图层"面板中的"正常"按钮，将弹出一个包含25种混合模式的下拉菜单，选择每一种混合模式，几乎都可以得到不同的效果。

在Photoshop中混合模式的应用非常广泛，画笔、渐变、图章等工具的工具选项条中均有此选项，但其意义基本相同，因此如果掌握了图层的混合模式，则不难掌握其他地方所出现的混合模式选项。

- 将混合模式设置为"正常"时，上方图层中的图像将遮盖下方图层的图像。
- 将混合模式设置为"溶解"时，如果该图层没有透明像素，则得到的效果与混合模式设置为"正常"时相同，如果不透明度数值低于100%，则将显示出点状效果。

● 将混合模式设置为"变暗"时，两个图层中较暗的颜色将作为混合后的颜色保留，比混合色亮的像素将被替换，而比混合色暗的像素保持不变。如图8.2所示为原图像，如图8.3所示是将"图层1"的混合模式设置为"变暗"后的效果。

图8.2 原状态

图8.3 设置为"变暗"后的效果

● 将混合模式设置为"正片叠底"时，最终效果为显示两个图层中较暗的颜色，另外在此模式下，任何颜色与图像中的黑色重叠产生黑色，任何颜色与白色重叠时该颜色保持不变。仍以图8.2为例，其效果如图8.4所示。

● 将混合模式设置为"颜色加深"时，除上方图层的黑色区域以外，降低所有区域的对比度，使图像整体对比度下降，有下方图层的图像透过上方图像的效果。仍以图8.2为例，其效果如图8.5所示。

图8.4 设置为"正片叠底"后的效果　　　　图8.5 设置为"颜色加深"后的效果

● 将混合模式设置为"线性加深"时，将上方图层依据下方图像的灰阶程度变暗后与背景图像融合。

● 将混合模式设置为"深色"时，依据图像的饱和度，用上方图层中的颜色直接覆盖下方图层中的暗调区域颜色。

● 将混合模式设置为"变亮"时，上方图层的暗调变成透明，并通过混合亮区，使图像更加变亮。如图8.6所示为原图像，如图8.7所示为将"图层 4"的混合模式设置为"变亮"后的效果。

图8.6 原图像

图8.7 设置为"变亮"后的效果

● 将混合模式设置为"滤色"时，上方图层暗调变成透明后显示下方图像的颜色，高光区域的颜色同下方图像的颜色混合后，图像整体显得更亮，如图8.8所示。

● 将混合模式设置为"颜色减淡"时，上方图像依据下方图像的灰阶程度来提升亮度后，再与下方图层相融合，如图8.9所示。

图8.8 设置为"滤色"后的效果   图8.9 设置为"颜色减淡"后的效果

● 将混合模式设置为"线性减淡（添加）"时，将上方图像依据下方图像的灰阶程度变亮后，再与下方图像融合。

● 将混合模式设置为"浅色"时，依据图像的饱和度，用上方图层中的颜色直接覆盖下方图层中的高光区域颜色。

● 将混合模式设置为"叠加"时，同时应用正片叠底和滤色来制作对比度比较高的图像，上方图层的高光区域和暗调维持原样，只是混合中间调。

● 将混合模式设置为"柔光"时，图像具有非常柔和的效果，上方图层的颜色亮于中性灰度的区域将更加变亮，暗于中性灰度的区域将更加变暗。

● 将混合模式设置为"强光"时，上方图层的颜色亮于中性灰度的区域将更加变亮，暗于中性灰度的区域将更加变暗，而且其程度远大于"柔光"模式。用此模式得到的图像对比度比较大，适合为图像增加强光照射效果。

● 将混合模式设置为"亮光"时，根据融合颜色的灰度减小对比度，以达到增亮或变暗图像的效果。

● 将混合模式设置为"线性光"时，根据融合颜色的灰度减小或增加亮度，以得到非常亮的效果。

● 将混合模式设置为"点光"时，如果混合的颜色比中性灰度亮，则将替换比混合后得到的颜色暗的像素，但不会改变比混合色亮的像素。反之，如果混合的颜色比中性灰度暗，则替换比混合色亮的像素，但不会改变比混合色暗的像素。

● 将混合模式设置为"实色混合"时，可以创建一种近似于色块化的混合效果。

● 将混合模式设置为"差值"时，上方图层的亮光区域将下方图层的颜色进行反相，表现为补色，暗调将下方图像的颜色正常显示出来，以表现与原图像完全相反的颜色。

● 将混合模式设置为"排除"时，混合方式和差值基本相同，只是对比度弱一些。

● 将混合模式设置为"减去"时，可以使用上方图层中亮调的图像隐藏下方的内容。

● 将混合模式设置为"划分"时，可以在上方图层中加上下方图层相应处像素的颜色值，通常用于使图像变亮。

● 将混合模式设置为"色相"时，最终效果由下方图像的亮度和饱和度及上方图像的色相构成，如图8.10所示为原图像，如图8.11所示是将"图层 1"的混合模式设置为"色相"后的效果。

图8.10 原图像

图8.11 设置为"色相"后的效果

- 将混合模式设置为"饱和度"时，最终效果由下方图像的色相和亮度，以及上方图层的饱和度构成，如图8.12所示。
- 将混合模式设置为"颜色"时，最终效果由下方图像的亮度及上方图层的色相和饱和度构成，如图8.13所示。

图8.12 设置为"饱和度"后的效果   图8.13 设置为"颜色"后的效果

- 将混合模式设置为"明度"时，最终效果由下方图像的色相和饱和度及上方图像的亮度构成。

图层之间混合的效果与上、下层图层图像的色调、明暗度等有密切的关系。因此，在选择混合模式时应多尝试使用几种模式，以寻找最佳效果。另外在设置混合模式时通常还要调节图层的不透明度，以使混合效果更加理想。

8.3 剪贴蒙版

剪贴蒙版是一种常用的混合文字、形状及图像的方法，剪贴图层通过使用处于下方图层的形状来限制上方图层的显示状态这样一种技术来创造混合的效果。如图8.14所示为创建剪贴蒙版前的图层效果及"图层"面板，如图8.15所示是创建剪贴蒙版后的图像效果及"图层"面板。

图8.14 创建剪贴蒙版前的图像及"图层"面板

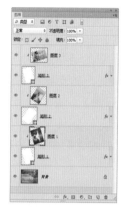

图8.15 创建剪贴蒙版后的图像及"图层"面板

可以看出创建剪贴蒙版后，处于上方的"图层 1"中的图像显示的区域受到处于下方的图层的限制，从而得到了较好的文字与图像混合的效果。从面板上看，上方图层的缩览图被缩进，这与普通图层明显不同。在Photoshop中，将下方图层中的图像，用于限制上层图像显示区域的图层称为"基层"，处于上方的图层称为"内容层"。

除了混合图像之外，使用剪贴蒙版可以轻松创作出字中画的效果，从而将文字与图像相互混合在一起。如图8.16所示为创建剪贴蒙版前的图层效果及"图层"面板，如图8.17所示是创建剪贴蒙版后的图像效果及"图层"面板。

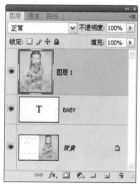

图8.16 创建剪贴蒙版前的图像及"图层"面板

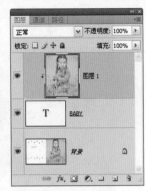

图8.17 创建剪贴蒙版后的图像及"图层"面板

8.3.1 创建剪贴蒙版

创建一个简单的剪贴蒙版非常简单，在实际操作中可以通过以下3种方法创建剪贴蒙版。

● 按住Alt键，将光标放在"图层"面板中分隔两个图层的实线上（光标将会变为两个交叉的圆圈），单击即可。

● 在"图层"面板中选择要创建为剪贴蒙版的两个图层中的任意一个，执行"图层"|"创建剪贴蒙版"命令。

Tips 提示

无论选中链接图层中的哪一个图层，执行此命令后，处于所有链接图层最下方的图层均保持不变，而其他链接图层均被缩进。

● 选择处于上方的图层，按Ctrl+Alt+G组合键。

Tips 提示

只有连续图层才能制作剪贴蒙版。

通过上面的讲解可以看出，为了更好地发挥剪贴蒙版的作用，需要更加灵活地运用基层，如图8.18~图8.20分别展示了3种不同的基层及使用这样的基层得到的图像效果。

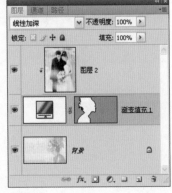

图8.18 使用渐变填充作为基层得到的不同效果

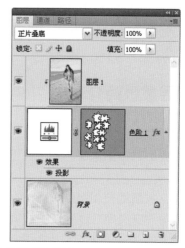

图8.19 使用调整图层作为基层得到的效果

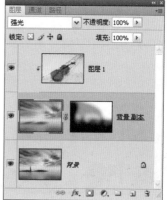

图8.20 使用有图层蒙版的基层

8.3.2 取消剪贴蒙版

要取消剪贴蒙版效果，可以采用下述3种方法之一：

● 按住Alt键，将光标放在"图层"面板中分隔两个剪贴蒙版图层的点状线上，待光标变为两个交叉的圆圈时，单击分隔线。

● 在"图层"面板中，选择剪贴蒙版中的任意一个图层，执行"图层"|"释放剪贴蒙版"命令。

● 选择剪贴蒙版中的任意一个图层，按Ctrl+Alt+G组合键。

8.4 图层蒙版

8.4.1 图层蒙版简介

　　图层蒙版是制作图像混合效果时最常用的一种手段。使用图层蒙版混合图像的好处在于可以在不改变图层中图像像素的情况下，实现多种混合图像的方案并进行反复更改，最终得到需要的效果。

　　要正确、灵活地使用图层蒙版，必须了解图层蒙版的原理。简单地说，图层蒙版就是使用一张灰度图"有选择"地屏蔽当前图层中的图像，从而得到混合效果。

　　这里所说的"有选择"，是指图层蒙版中的白色区域可以起到显示当前图层中图像对应区域的作用，图层蒙版中的黑色区域可以起到隐藏当前图层中图像对应区域的作用。如果图层蒙版中存在灰色，则使对应的图像呈现半透明效果。

　　每天世界各地有数不清的图像设计师在使用图层蒙版创作不同风格、不同效果的合成图像，如图8.21展示了三幅使用图层蒙版所得到的精美效果。

图8.21 经典作品

　　用户可以通过改变图层蒙版不同区域的黑白程度，控制图像对应区域的显示或隐藏状态，为图层增加许多特殊效果，因此对比"图层"面板与图层所显示的实际效果，可以看出：

　　● 图层蒙版中黑色区域部分可以使图像对应的区域被隐藏，显示底层图像。
　　● 图层蒙版中白色区域部分可使图像对应的区域显示。
　　● 如果有灰色部分，则会使图像对应的区域半隐半显。

8.4.2 图层蒙版的工作原理

　　图层蒙版的核心是有选择地对图像进行屏蔽，其原理是Photoshop使用一张具有256级色阶的灰度图（即蒙版）来屏蔽图像，灰度图中的黑色区域隐藏其所在图层的对应区域，从而显示下层图像，而灰度图中的白色区域则能够显示本层图像而隐藏下层图像。由于灰度图具有256级灰度，因此能够创建过渡非常细腻、逼真的混合效果。

如图8.22所示为由两个图层组成的一幅图像，"图层 1"中的内容是图像，而背景图层中的图像是彩色的，在此我们通过为"图层 1"添加一个从黑到白的蒙版，使"图层 1"中的左侧图像被隐藏，而显示出背景图层中的图像。

图8.22 图层蒙版实例

如图8.23所示为蒙版对图层的作用原理示意图。

图8.23 蒙版对图层的作用原理示意图

对比"图层"面板与图层所显示的效果，可以看出：

● 图层蒙版中的黑色区域可以隐藏图像对应的区域，从而显示底层图像。

● 图层蒙版中的白色部分可以显示当前图层的图像的对应区域，遮盖住底层图像。

● 图层蒙版中的灰色部分，一部分显示底层图像，一部分显示当前层图像，从而使图像在此区域具有半隐半显的效果。

由于所有显示、隐藏图层的操作均在图层蒙版中进行，并没有对图像本身的像素进行操作，因此使用图层蒙版能够保护图像的像素，并使工作有很大的弹性。

8.4.3 添加图层蒙版

在Photoshop中有很多种创建图层蒙版的方法，用户可以根据不同的情况来决定使用哪种方法最为简单、合适，下面就分别讲解各种操作方法。

1. 直接添加蒙版

要直接为图层添加蒙版，可以使用下面的操作方法之一：

● 选择要添加图层蒙版的图层，单击"图层"面板底部的"添加图层蒙版"按钮 ▣，可以为图层添加一个默认填充为白色的图层蒙版，即显示全部图像，如图8.24所示。

● 如果在执行上述添加蒙版操作时按住Alt键，即可为图层添加一个默认填充为黑色的图层蒙版，即隐藏全部图像，如图8.25所示。

图8.24 默认的图层蒙版　　　　图8.25 按住Alt键添加图层蒙版的状态

2. 利用选区添加图层蒙版

如果当前图像中存在选区，可以利用该选区添加图层蒙版，并决定添加图层蒙版后是显示还是隐藏选区内部的图像。利用选区添加图层蒙版可以按照以下操作之一进行：

● 依据选区范围添加蒙版：选择要添加图层蒙版的图层，在"图层"面板中单击"添加图层蒙版"按钮 ▣，即可依据当前选区的选择范围为图像添加蒙版。

● 依据与选区相反的范围添加蒙版：在按照上一个方法添加蒙版时，如果按住Alt键在"图层"面板中单击"添加图层蒙版"按钮 ▣，即可依据与当前选区相反的范围为图层添加蒙版，即先对选区执行"反向"操作，然后再为图层添加蒙版。例如以图8.26所示的选区状态为例，使此方法添加蒙版后的效果及"图层"面板状态如图8.27所示。

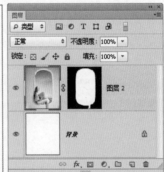

图8.26 依据当前选区添加蒙版　　　　图8.27 添加蒙版后的效果及"图层"面板

8.4.4 将图像贴入选区以创建蒙版

在存在选区的情况下，可以先复制图像，然后执行"编辑"|"贴入"命令，将图像粘贴至该选区中，同时会生成一个用于装载该图像的图层，且该图层具有依据该选区创建的显示选区中图像的图层蒙版。

8.4.5 更改图层蒙版的浓度

在选中一个图层蒙版或矢量蒙版后，可以执行"窗口" | "属性"命令，以调出"属性"面板，在其中的"浓度"滑块可以调整选定的图层蒙版或矢量蒙版的不透明度，其操作步骤如下：

① 在"图层"面板中，选择包含要编辑的蒙版的图层。

② 单击图层蒙版或矢量蒙版的缩览图将其激活。

③ 拖动"浓度"滑块，当其数值为100%时，蒙版将完全不透明并遮挡图层下面的所有区域，此数值越低，蒙版下的更多区域变得可见。

如图8.28所示为原图像，如图8.29所示为在"属性"面板中将"浓度"数值降低时的效果，可以看出由于蒙版中黑色变成灰色，因此被隐藏的图层中的图像开始显现出来。

图8.28 原图像效果及对应的"图层"面板

图8.29 设置"浓度"数值后的效果及"图层"面板

8.4.6 羽化蒙版边缘

可以使用"属性"面板中的"羽化"滑块直接控制蒙版边缘的柔化程度，而无需像以前一样再使用"模糊"滤镜对其操作，其使用步骤如下所述：

① 在"图层"面板中，选择包含要编辑的蒙版的图层。

② 单击图层蒙版或矢量蒙版的缩览图将其激活。

③ 在"属性"面板中拖动"羽化"滑块，将羽化效果应用至蒙版的边缘，使蒙版边缘在蒙住和未蒙住区域之间创建较柔和的过渡。

如图8.30所示为原图像及对应的"图层"面板，如图8.31所示为在"属性"面板中将"羽化"数值提高时的效果，可以看出蒙版的边缘发生柔化。

图8.30 原图像效果及对应的"图层"面板

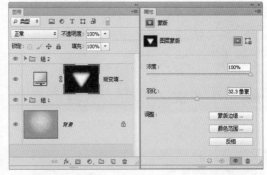

图8.31 设置羽化数值后的效果

8.4.7 调整蒙版边缘

单击"蒙版边缘"按钮，将弹出"调整蒙版"对话框，此对话框功能及使用方法与"调整边缘"一样，使用此命令可以对蒙版进行平滑、收缩、扩展等操作。

与执行"选择"|"调整边缘"命令不同的是，使用"调整蒙版"对话框后的结果将直接应用于蒙版，并可以实时预览调整得到的效果。

如图8.32所示是以前面的图像为例，弹出"调整蒙版"对话框并设置其参数，如图8.33所示是创建得到的图像效果及对应的"图层"面板。可以看出，图像效果及蒙版状态同时发生了变化。

图8.32 "调整蒙版"对话框　　　　　图8.33 调整后的效果及对应的"图层"面板

8.4.8 调整蒙版色彩范围

单击"颜色范围"按钮，将弹出"色彩范围"对话框，可以使用该对话框更好地在蒙版中进行选择操作，调整得到的选区并直接应用于当前的蒙版中。

如果当前编辑的是图层组的蒙版，则弹出的"色彩范围"对话框仅可以在蒙版范围内创建选区，且不会自动应用于蒙版中。

另外，在同样情况下（当前编辑的是图层组的蒙版），可以在"通道"面板中单击选中顶部的复合通道（如RGB模式的图像就可以选择RGB复合通道），然后再单击"颜色范围"按钮，在弹出的"色彩范围"对话框中即可对图像整体创建选区，但不会直接应用当前的蒙版。

8.4.9 图层蒙版与图层缩览图的链接状态

默认情况下，图层与图层蒙版保持链接状态，即图层缩览图与图层蒙版缩览图之间存在⑧图标。此时使用移动工具▸⊕移动图层中的图像时，图层蒙版中的图像也会随其一起移动，从而保证图层蒙版与图层图像的相对位置不变。

如果要单独移动图层中的图像或者图层蒙版中的图像，可以单击中间的⑧图标使其消失，然后就可以独立地移动图层或者图层蒙版中的图像。

8.4.10 载入图层蒙版中的选区

要载入图层蒙版中的选区，可以执行下列操作之一：
● 单击"属性"面板中"从蒙版中载入选区"按钮 ⚬ 。
● 按住Ctrl键单击图层蒙版的缩览图。

8.4.11 应用与删除图层蒙版

由于图层蒙版实质上是以Alpha通道的状态存在的，因此删除无用的图层蒙版或应用无需修改的蒙版有助于减小文件大小。

● 删除图层蒙版：是指去除蒙版，不考虑其对于图层的作用。
● 应用图层蒙版：是指按图层蒙版所定义的灰度，定义图层中像素分布的情况，保留蒙版中白色区域对应的像素，删除蒙版中黑色区域所对应的像素。

如图8.34所示为应用图层蒙版前的图像与其"图层"面板，如图8.35所示为应用图层蒙版后的图像与其"图层"面板。

图8.34 应用图层蒙版前的图像与"图层"面板

图8.35 应用图层蒙版后的图像与"图层"面板

可以看出在应用蒙版后，"图层1"蒙版中黑色所对应的区域被删除，而白色所对应的区域则被保留下来。

要应用图层蒙版，可以选择以下两种方法中之一进行操作：
● 激活图层蒙版缩览图，单击"图层"面板下方的"删除图层"按钮 🗑，在弹出的如图8.36所示的对话框中单击"应用"按钮。
● 执行"图层"|"图层蒙版"|"应用"命令。

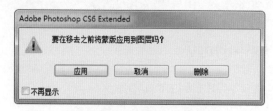

图8.36 删除蒙版提示对话框

要删除图层蒙版，可以按以下两种方法中的一种操作：
● 激活图层蒙版缩览图，单击"图层"面板下方的 🗑 图标，在弹出的对话框中单击"删除"按钮。
● 执行"图层"|"图层蒙版"|"删除"命令。

8.4.12 编辑图层蒙版

由于图层蒙版的实质是一张灰度图，因此可以采用任何作图或编辑类方法调整蒙版，从而得到需要的效果，这也是我们为什么说使用图层蒙版是有选择地对图像进行屏蔽的原因。

① 要编辑图层蒙版，首先要单击"图层"面板中的图层蒙版缩览图，以将其激活。

Tips 提示

确定是否操作于蒙版中非常重要，它保证了操作结果的正确性。

② 选择任何一种编辑或绘画工具并按以下准则操作：

● 如果要隐藏当前图层，用黑色在蒙版中绘图。

● 如果要显示当前图层，用白色在蒙版中绘图。

● 如果要使当前图层部分可见，用灰色在蒙版中绘图。

③ 如果要退出图层蒙版编辑状态，开始编辑图层中的图像，需要单击"图层"面板中该图层的缩览图以将其激活。

例如，如图8.37所示为由两个图层组成的图像及对应的"图层"面板，我们希望通过使用蒙版得到如图8.38所示的效果。很显然目前由于蒙版的效果不理想，因此未得到目标效果。在这种情况下，我们可以按下面的步骤操作得到所需的图像效果。

图8.37 不理想的图像效果及"图层"面板

图8.38 目标图像效果

① 单击"图层"面板中"图层 3"的蒙版缩览图，将其激活。

② 选择画笔工具 🖌，设置画笔大小为200px，设置不透明度数值为80%。

③ 确认操作于图层蒙版中，将前景色设置为黑色，在"图层 3"的蒙版上进行涂抹，得到目标图像效果。

④ 此时的图像效果如图8.39所示，图层蒙版如图8.40所示，"图层"面板如图8.41所示。

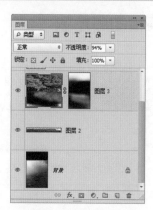

图8.39 图像效果　　　　　　图8.40 蒙版效果　　　　　　图8.41 "图层"面板

除了使用画笔工具 , 操作外，还可以使用填充操作、渐变工具 , 以及滤镜命令对图层蒙版进行操作，从而屏蔽不需要的图像区域，只显示需要的图像区域。

关于这一点，本书最后一章的综合案例中体现较为明显，各位读者在学习时需要特别留意。

8.4.13 查看与屏蔽图层蒙版

在图层蒙版存在的状态下，只能观察到未被图层蒙版隐藏的部分图像，因此不利于对图像进行编辑。在此情况下，可以执行下面的操作之一，完成停用/启用图层蒙版的操作：

● 在"属性"面板中单击底部的停用/启用蒙版图标 , 此时该图层蒙版缩览图中将出现一个红色的"×"，如图8.42所示，再次单击该图标即可重新启用蒙版。

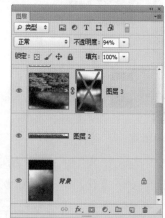

图8.42 "属性"面板显示状态 及 "图层"面板显示状态

● 按住Shift键单击图层蒙版缩览图，暂时停用图层蒙版效果；再次按住Shift键单击图层蒙版缩览图，即可重新启用蒙版效果。

8.5 矢量蒙版

8.5.1 矢量蒙版简介

矢量蒙版是另一个用来控制显示或者隐藏图层中图像的方法，使用矢量蒙版可以创建具有锐利边缘的蒙版效果。

由于图层蒙版具有位图特征，因此其清晰细腻程度与图像分辨率有关；而矢量蒙版具有矢量特征，因此具有无限缩放等优点，这也是两种蒙版之间最大的不同之处。

添加矢量蒙版前后的图像效果及对应的"图层"面板、"属性"面板如图8.43所示。

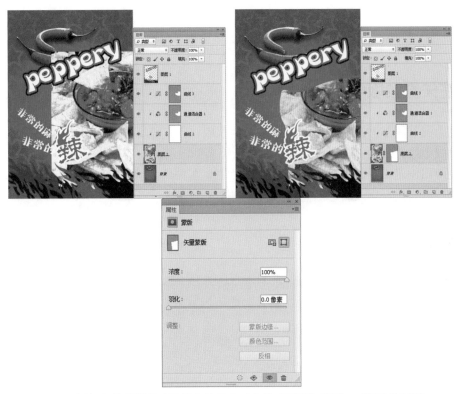

图8.43 添加矢量蒙版前后的图像效果及对应的"图层"面板、"属性"面板

8.5.2 添加矢量蒙版

与"添加图层蒙版"一样，添加矢量蒙版同样能够得到两种不同的显示效果，即添加后完全显示图像和添加后完全隐藏图像。

在"图层"面板中选择要添加矢量蒙版的图层，执行"图层"|"矢量蒙版"|"显示全部"命令，可以得到显示全部图像的矢量蒙版，此时的"图层"面板如图8.44所示。

如果执行"图层"|"矢量蒙版"|"隐藏全部"命令，则可以得到隐藏全部图像的矢量蒙版，此时的"图层"面板如图8.45所示。

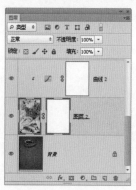 

图8.44 显示全部图像的矢量蒙版　　　图8.45 隐藏全部图像的矢量蒙版

Tips 提示

观察图层矢量蒙版可以看出，隐藏图像的矢量蒙版表现为灰色而非黑色。

8.5.3 在矢量蒙版中绘制路径

无论为图层添加的是显示全部图像的矢量蒙版，还是隐藏全部图像的矢量蒙版，都需要在矢量蒙版中绘制路径，从而得到矢量蒙版所特有的效果。

无论使用钢笔工具 ▲ 还是使用矢量绘图类工具在矢量蒙版中绘制路径，都需在工具选项条中设置运算模式，用以决定当前路径的绘制模式。

8.5.4 编辑矢量蒙版

由于在矢量蒙版中绘制的图形实际上是一条或若干条路径，因此可以根据需要使用路径选择工具 ▲ 、添加锚点工具 ▲ 等编辑矢量蒙版中的路径。

Tips 提示

当图层矢量蒙版中的路径处于显示状态时，无法通过按Ctrl+T键对图像进行变换操作，此操作将对矢量蒙版中的路径进行变换。

8.5.5 删除矢量蒙版

要删除矢量蒙版，可以选择要删除的矢量蒙版，单击"属性"面板中的"删除蒙版"按钮 🗑️ ，或选择要删除的矢量蒙版，直接按Delete键，也可以将其删除。

Tips 提示

如果要删除矢量蒙版中的某一条或者某几条路径，可以使用工具箱中的路径选择工具 ▲ 将路径选中，然后按Delete键。

8.5.6 将矢量蒙版转换为图层蒙版

由于矢量蒙版具有矢量特性，因此在矢量蒙版中大部分用于处理位图的命令与工具都无法使用。例如，无法在矢量蒙版中添加渐变效果，无法使用"滤镜"菜单中的命令处理矢量蒙版。要使用这些基于位图的命令与工具，必须执行"图层"|"栅格化"|"矢量蒙版"命令，将矢量蒙版转换为图层蒙版。

如图8.46所示为原图像及对应的"图层"面板和"属性"面板，如图8.47所示是将矢量蒙版栅格化以后的"图层"面板及"属性"面板。

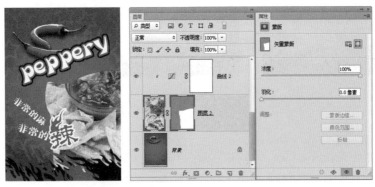

图8.46 原图像及对应的"图层"面板和"属性"面板

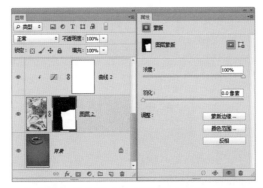

图8.47 栅格化矢量蒙版后的"图层"面板及"属性"面板

由于矢量蒙版在本质上仍然是一种蒙版，因此具有与图层蒙版相同的特点。例如，可以按住Shift键单击矢量蒙版，以暂时屏蔽其效果；按住Alt键单击矢量蒙版，可以显示矢量蒙版；取消矢量蒙版与图层的链接关系后，可以分别移动蒙版路径与图层等。

8.5.7 改变矢量蒙版的浓度和羽化属性

在Photoshop中，可以直接在选中矢量蒙版的情况下，在"属性"面板中设置其浓度及羽化属性，其效果与编辑图层蒙版的浓度及羽化属性是完全相同的，这里不再赘述。

值得一提的是，"属性"面板中"羽化"参数的设置，对于矢量蒙版的使用具有非常特殊的意义，原因就在于在早期的版本中，矢量蒙版本身不可以做任何的羽化处理，除非将其转换为图层蒙版，再运用"高斯模糊"滤镜才可以处理得到羽化的效果。

现在通过设置"属性"面板中的"羽化"参数，就可以很轻易地对矢量蒙版添加羽化效果。例如以图8.48所示的原图像为例，如图8.49所示就是选中该矢量蒙版并设置"羽化"参数后的效果及对应的"属性"面板。

图8.48 原图像　　图8.49 设置"羽化"参数后的效果及对应的"属性"面板

Tips 提示

在选择矢量蒙版的情况下，"属性"面板中的"蒙版边缘"、"颜色范围"以及"反相"按钮为不可用状态，即无法使用这些命令编辑矢量蒙版。

Tips 提示

本章所用到的素材及最终效果文件为随书光盘第10章中的文件，文件名对应本章的章节号。

本章小节

在本章中，主要讲解了在Photoshop中用于合成处理的不透明度、混合模式、剪贴蒙版、图层蒙版及矢量蒙版等功能。通过本章的学习，读者应掌握这些知识的工作原理及技巧，并能够使用它们对图像进行融合处理，以满足创意合成、视觉表现及其他方面的合成需要。

课后练习

一、选择题

1.以下不可以设置"不透明度"参数的是（　　）。

A. 画笔工具　　B. 图层　　C. 矩形选框工具　　D. 仿制图章工具

2. 当前图像中存在一个选区，按住Alt键单击"添加图层蒙版"按钮 ▣ ，与不按Alt键单击
  "添加图层蒙版"按钮 ▣ ，其区别是下列哪一项所描述的? （　　）

A. 蒙版是反相的关系

B. 前者无法创建蒙版，而后能够创建蒙版

C. 前者添加的是图层蒙版，后者添加的是矢量蒙版

D. 前者在创建蒙版后选区仍然存在，而后者在创建蒙版后选区不再存在

3. 若在图层上增加一个蒙版，当要单独移动蒙板时下面哪种操作是正确的? （　　）

A. 首先单击图层上的蒙版，然后选择移动工具 ▸⊹ 就可以了

B. 首先单击图层上的蒙版，然后选择全选用移动工具 ▸⊹ 拖拉

C. 首先要解除图层与蒙版之间的链接，然后选择移动工具 ▸⊹ 就可以了

D. 首先要解除图层与蒙版之间的链接，再选择蒙板，然后选择移动工具 ▸⊹ 就可以移动了

4. 在当前存在路径的情况下，按住（　　）键单击"添加图层蒙版"按钮可以为当前图层添加
  矢量蒙版。

A. Ctrl　　　B. Alt　　　C. Shift　　　D. Alt+Shift

5. 以下可以添加图层蒙版的是（　　）。

A. 图层组　　　　B. 文字图层　　　C. 形状图层　　　D. 背景图层

6. 对于图层蒙版下列哪些说法是正确的? （　　）

A. 用黑色的画笔工具 ✐ 在图层蒙版上涂抹，图层上的像素就会被遮住

B. 用白色的画笔工具 ✐ 在图层蒙版上涂抹，图层上的像素就会显示出来

C. 用灰色的画笔工具 ✐ 在图层蒙版上涂抹，图层上的像素就会出现渐隐的效果

D. 图层蒙版一旦建立，就不能被修改

7. 下列关于图层蒙版与矢量蒙版的说法中，错误的是（　　）。

A. 图层蒙版中的黑色可以隐藏图像，图层蒙版中的白色可以显示图像

B. 当使用灰色编辑图层蒙版时，对应的图像会出现半透明效果

C. 矢量蒙版与图层蒙版中，都不可以使用仿制图章工具 ♣ 、画笔工具 ✐

D. 矢量蒙版可以通过将其栅格化转换为图层蒙版，反之也可以将图层蒙版转换为矢量蒙版

二、填空题

1. 将混合模式设置为（　　）时，上方图层中的图像将遮盖下方图层的图像。

2. 要创建剪贴蒙版，可以按（　　）键。

3. 若要添加与当前选区范围相反的图层蒙版，在单击"添加图层蒙版"按钮 ▣ 时，应按住
  （　　）键。

4. 剪贴蒙版由（　　）层和（　　）层组成。

三、 判断题

1. 组成剪贴蒙版的图层中，不可以设置填充不透明度属性。（　）
2. 不可以为剪贴蒙版中的基层添加图层蒙版或矢量蒙版。（　）
3. 图层蒙版与矢量蒙版之间可以相互转换。（　）
4. 在"属性"面板中图层蒙版的"浓度"数值，当其数值为100%时，蒙版将完全不透明并遮挡图层下面的所有区域，此数值越低，蒙版下的更多区域变得可见。

四、 上机操作题

1. 打开随书所附光盘中的文件"第8章\ 习题1-素材1.psd"和"第8章\ 习题1-素材2.psd"（图8.50），利用剪贴蒙版及混合模式功能，制作图8.51所示的效果。

图8.50 素材图像　　　　　　　　　　　　图8.51 制作效果

2. 打开随书所附光盘中的文件"第8章\ 习题2-素材.tif"（图8.52），利用混合模式合成提亮图像，得到如图8.53所示的效果。

图8.52 素材图像　　　　　　　　　图8.53 合成效果

3. 打开随书所附光盘中的文件"第8章\ 习题3-素材.jpg"（图8.54），利用混合模式合成降暗图像，得到如图8.55所示的效果。

图8.54 素材图像　　　　　　　　　　图8.55 合成效果

4. 打开随书所附光盘中的文件"第8章\习题4-素材1.psd"、"第8章\习题4-素材2.psd"，如图8.56所示，利用混合模式功能得到如图8.57所示的效果。

图8.56 素材图像　　　　　　　　　　图8.57 画框效果

5. 打开随书所附光盘中的文件"第8章\习题5-素材.psd"，如图8.58所示。利用图层蒙版及矢量蒙版，制作得到如图8.59所示的效果。

图8.58 素材图像　　　　　　图8.59 抠选效果

第9章
图层的特效处理功能

图层样式功能大大方便了制作诸如投影、浮雕立体、外发光等效果从，为制作特效图像带来了更加丰富多彩的选择。本章将主要对图层样式对话框中的各选项进行详细的讲解与剖析。

9.1 "图层样式"对话框概述

执行"图层"|"图层样式"命令，或单击"图层"面板底部的"添加图层样式"按钮 *fx.*，在下拉菜单中选择一个命令，即可应用相应的图层样式，以选择"投影"命令为例，弹出如图9.1所示的"图层样式"对话框。

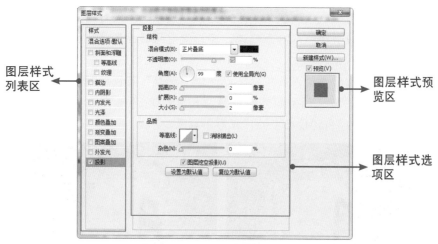

图9.1 "图层样式"对话框

可以看出此对话框在结构上分为以下3个部分：

● 左侧为图层样式列表区，在此选择不同的图层样式名称，则对话框切换显示当前选择的图层样式的参数，这样能够在一个对话框中通过选择设置多个图层样式。

● 中间为图层样式参数区，在此可以设置各个图层样式的参数。

● 右侧为图层样式预览区，在此可以直观预览改变参数后整体效果的变化。

下面以"投影"图层样式对话框为例，讲解大部分图层样式中都通用的参数含义。"投影"图层样式可以为图像添加阴影效果，如图9.2所示为原图像及添加该图层样式后的效果。

图9.2 原图像及设置"投影"图层样式后的效果

● 混合模式：在此下拉列表中可以为阴影选择不同的"混合模式"，从而得到不同的效果。单击其左侧颜色块，并在弹出的"拾色器"对话框中选择颜色，可以将此颜色指定为投影颜色。

- **不透明度**：在此可以输入数值定义投射阴影的不透明度，数值越大，则阴影效果越浓，反之越淡。

- **角度**：在此拨动角度轮盘的指针或输入数值，可以定义阴影的投射方向。

- **使用全局光**：选中该选项的情况下，如果改变任意一种图层样式的"角度"数值，将会同时改变所有图层样式的角度。如果需要为不同的图层样式设置不同的"角度"数值，就应该取消此选项。

- **距离**：在此拖动滑块或输入数值，可以定义"投影"的投射距离，数值越大，则"投影"在视觉上距投射阴影的对象越远，其三维空间的效果就越好，反之则"投影"越贴近投射阴影的对象。

- **扩展**：在此拖动滑块或输入数值，可以增加"投影"的投射强度，数值越大，则"投影"的强度越大，颜色的淤积感越强烈。如图9.3所示为其他参数值不变的情况下，"扩展"值分别为5和50情况下的"投影"效果。

图9.3 "扩展"值为5和50时的投影效果对比

- **大小**：此参数控制"投影"的柔化程度大小，数值越大，则"投影"的柔化效果越明显，反之则越清晰。如图9.4所示为其他参数值不变的情况下，"大小"值分别为4和40两种数值情况下的"投影"效果。

图9.4 "大小"值为4和40时的效果对比

- **等高线**：使用等高线可以定义图层样式效果的外观，单击此下拉列表右侧的▾按钮，将弹出如图9.5所示的"等高线"列表。可在该列表中选择等高线的类型，在默认情况下Photoshop自动选择线性等高线。

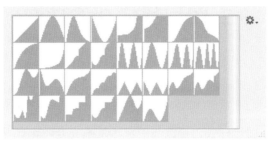

图9.5 "等高线"列表

如图9.6所示为在其他参数与选项不变的情况下，选择两种不同的等高线得到的效果。

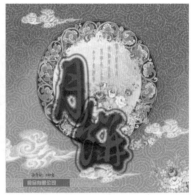

图9.6 选择两种不同的等高线得到的效果

● 消除锯齿：选择此选项，可以使应用等高线后的"投影"更细腻。
● 杂色：此参数可以为"投影"增加杂色，效果如图9.7所示。

图9.7 增加杂色前后的对比效果

Tips 提示

由于下面讲解的各图层样式弹出的对话框与"投影"对话框中的参数类似，故对于其他图层样式对话框中相同的选项这里不再赘述。

对于对话框底部的"设置为默认"和"复位为默认值"两个按钮，前者可以将当前的参数保存成为默认的数值，以便后面应用，而后者则可以复位到系统或之前保存过的默认参数。

9.2 图层样式功能详解

9.2.1 斜面和浮雕

使用"斜面和浮雕"图层样式，可以为图像添加高光及暗调，从而创建具有立体感的图像效果。在实际工作中该样式使用非常频繁，如图9.8所示为"斜面和浮雕"对话框。

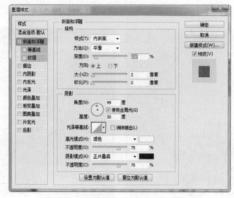

图9.8 "斜面和浮雕"对话框

"斜面和浮雕"对话框中的重要参数解释如下：

● 样式：选择"样式"中的各选项，可以设置效果的样式。在此可以选择"外斜面"、"内斜面"、"浮雕效果"、"枕状浮雕"、"描边浮雕"5种效果。

> **Tips 提示**
>
> 仅当图像具有"描边"图层样式时，"描边浮雕"才有效果。

● 方法：在此下拉列表中可以选择"平滑"、"雕刻清晰"、"雕刻柔和"三种创建"斜面和浮雕"效果的方法，其效果分别如图9.9所示。

(a) "平滑"效果

(b) "雕刻清晰"效果

(c) "雕刻柔和"效果

图9.9 三种创建"斜面和浮雕"效果的方法

● 深度：此参数值控制"斜面和浮雕"效果的深度，数值越大，则效果越明显。

● 方向：在此可以选择"斜面和浮雕"效果的视觉方向，通过选择"上"或"下"单选按钮，可以使斜面和浮雕效果上的高光反方向呈现。如图9.10所示为选择"上"单选按钮所得的效果，如图9.11所示为选择"下"单选按钮所得的效果。

图9.10 选择"上"单选按钮所得的效果　　图9.11 选择"下"单选按钮所得的效果

● 大小：此参数控制"斜面和浮雕"效果亮部区域与暗部区域的大小，数值越大，则亮部区域与暗部区域所占图像的比例也越大。

● 软化：此参数控制"斜面和浮雕"效果亮部区域与暗部区域的柔和程度，数值越大，则亮部区域与暗部区域越柔和。

● 高光模式、阴影模式：在这两个下拉列表中可以为形成"斜面和浮雕"效果的高光与暗调部分选择不同的混合模式，从而得到不同的效果。如果分别单击左侧颜色块，还可以在弹出的"拾色器"中为高光与暗调部分选择不同的颜色。

● 等高线：使用等高线可以定义图层样式效果的外观。单击此下拉列表右侧的▼按钮，将弹出"曲线"列表选择面板，在对话框中可选择多种Photoshop默认的曲线类型。

在设计中，此图层样式常被用来为图像添加立体感，如图9.12所示为添加此图层样式前的图像，如图9.13所示为添加此图层样式后的效果，可以看出添加此图层后，图像在视觉上丰富了很多。

图9.12 添加"斜面和浮雕"图层　　图9.13 添加"斜面和浮雕"后的效果
样式前的效果　　　　　　　　　　　及局部放大图

9.2.2 描边

使用"描边"图层，可以用颜色、渐变和图案3种方式为当前图层中不透明像素描画轮廓，对于具有锐利边缘（如文字类）的图层而言，其效果非常显著，对话框如图9.14所示。

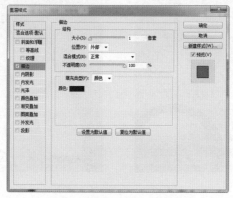

图9.14 "描边"对话框

"描边"对话框中的重要参数解释如下：

● 大小：此参数用于控制"描边"的宽度，数值越大，则生成的描边宽度越大。

● 位置：在此下拉列表中可以选择"外部"、"内部"、"居中"三种位置。选择"外部"选项，描边的线条完全处于图像的外部；选择"内部"选项，描边的线条完全处于图像的内部；选择"居中"选项，描边的线条一半处于图像的外部，一半处于图像的内部。

● 填充类型：在下拉列表中可设置"描边"类型，其中有"颜色"、"渐变"及"图案"3个选项。

可以使用描边图层样式来模拟金属的边缘，如图9.15所示为添加描边样式前的效果，如图9.16所示为添加描边样式后的效果。

图9.15 添加描边样式前的效果

图9.16 添加描边样式后的效果

9.2.3 内阴影

使用"内阴影"图层样式,可以为非"背景"图层中的图像添加位于图像非透明区域内的阴影效果,使图像具有凹陷效果。如图9.17所示展示了为图像添加"内阴影"图层样式前后的对比效果。

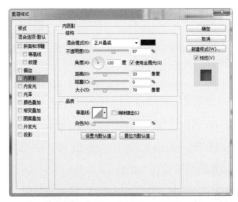

图9.17 "内阴影"对话框

该样式对话框与"投影"样式完全相同,故不再重述。此图层样式常被用于在图像内部添加阴影,从而使图像呈现一种深度感。如图9.18所示为添加此图层样式前后的效果对比。

图9.18 添加"内阴影"图层样式前后的效果对比

9.2.4 外发光与内发光

使用"外发光"图层样式,可为图层增加发光效果。此类效果常用于具有较暗背景的图像中,以创建一种发光的效果,如图9.19所示为"外发光"对话框。

使用"内发光"图层样式,可以在图层中增加不透明像素内部的发光效果。该样式的对话框与"外发光"样式相同,故不再重述,如图9.20所示为"内发光"图层样式对话框。

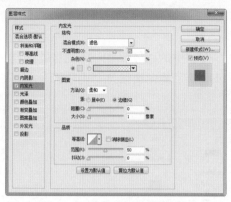

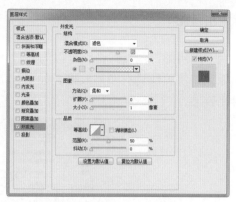

图9.19 "外发光"对话框　　　　　　　　图9.20 "内发光"对话框

　　"内发光"及"外发光"图层样式常被组合在一起使用，以模拟一个发光的物体。如图9.21所示为添加图层样式前的效果，如图9.22所示为添加"外发光"图层样式后的效果，如图9.23所示为添加"内发光"图层样式后的效果。

图9.21 添加图层样式前的效果

图9.22 添加"外发光"图层样式后的效果　　　图9.23 添加"内发光"图层样式后的效果

9.2.5 光泽

　　使用"光泽"图层样式，可以在图层内部根据图层的形状应用阴影，通常用于创建光滑的磨光及金属效果，如图9.24所示为"光泽"对话框。

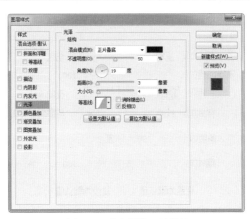

图9.24 "光泽"对话框

此参数的使用要点在于选择不同的等高线类型，在设计中常被用来模拟图像内部流动的光晕。如图9.25所示为添加此图层样式前的图像，如图9.26所示为添加此图层样式后的效果。

图9.25 添加此图层样式前的图像

图9.26 添加此图层样式后的效果

9.2.6 颜色叠加

选择"颜色叠加"样式，可以为图层中的图像叠加某种颜色，其对话框非常简单，只有"混合模式"、"不透明度"两个常规参数及一个颜色设计参数。

9.2.7 渐变叠加

使用"渐变叠加"图层样式，可以为图层叠加渐变效果，其对话框如图9.27所示。

图9.27 "渐变叠加"对话框

"渐变叠加"对话框中的重要参数解释如下：

● 样式：在此下拉列表中可以选择"线性"、"径向"、"角度"、"对称的"、"菱形"5种渐变类型。

● 与图层对齐：在此复选框被选中的情况下，渐变由图层中最左侧的像素应用至最右侧的像素。

● 渐变：在此单击下拉列表右侧的▼按钮，可以在弹出的"渐变编辑器"中选择渐变的效果。

● 样式：在此单击下拉列表右侧的▼按钮，可以在弹出的菜单中选择渐变的样式，其中包括"线性"、"径向"、"角度"、"对称的"和"菱形"5种样式。

9.2.8 图案叠加

使用"图案叠加"图层样式，可以在图层上叠加图案，其对话框及操作方法与"颜色叠加"样式相似，如图9.28所示即为"图案叠加"图层样式对话框。

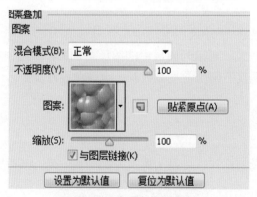

图9.28 "图案叠加"对话框

如图9.29所示为在"图案"下拉列表中选择不同的图案时得到的不同效果。

图9.29 选择不同的图案得到的不同效果

9.3 "填充"不透明度与图层样式

与本书第10章中讲解的"不透明度"参数不同,图层的"填充"数值仅改变在当前图层中像素的填充数量,从而得到降低图像透明度的结果,这一特点在设置带有图层样式的图层的透明属性时最为明显。

如图9.30所示为原图像,如图9.31所示为其中的老牛图像添加样式后的效果及对应的"图层"面板。

图9.30 原图像   图9.31 添加样式后的效果及对应的"图层"面板

此时如果将该图层的"填充"数值设置为30%,将得到如图9.32所示的效果。可以看出,此时图像中的黄色变淡了,但由图层样式产生的浮雕及光泽效果仍在。如果此处将"不透明度"数值设置为30%,将得到如图9.33所示的效果。可以看出,包括图层样式在内的所有图像都已经变淡了,由此对比就不难看出"填充"数值的特点了。

图9.32 设置"填充"数值时的效果　　　　图9.33 设置"不透明度"数值时的效果

9.4 图层样式的相关操作

9.4.1 显示或隐藏图层样式

要显示或隐藏图层样式，具体操作方法如下：

● 要显示或隐藏某一种或某几种图层样式，只需单击该图层样式名称左侧的 👁 图标，使其消失即可。

● 要隐藏或显示全部图层样式，执行"图层"|"图层样式"|"隐藏所有效果"或"显示所有效果"命令。也可以单击"图层"面板中该图层下方的"效果"左侧的 👁 图标，使其消失。

Tips 提示

要单独显示某一种图层样式，可以按住Alt键单击该图层样式左侧的 👁 图标，再次单击该位置，可以再次显示其他图层样式。

9.4.2 复制、粘贴图层样式

通过复制与粘贴图层样式操作，可以减少重复性操作，其操作步骤如下：

① 在"图层"面板中选择包含要复制的图层样式的源图层。

② 执行"图层"|"图层样式"|"拷贝图层样式"命令。

③ 在"图层"面板中分别选择目标图层。

④ 执行"图层"|"图层样式"|"粘贴图层样式"命令。

要将图层样式粘贴到多个图层，具体操作方法如下：

① 在"图层"面板中链接需要得到图层样式的多个图层。

② 在"图层"面板中选择包含要复制的图层样式的源图层，执行"图层"|"图层样式"|"拷贝图层样式"命令。

③ 在"图层"面板中选择步骤① 链接图层中的任意一个图层，执行"图层"|"图层样式"|"粘贴图层样式"命令。

除使用上述方法外，还可以按住Alt键将图层样式直接拖动至目标图层中（图9.34），这样也可以起到复制图层样式的目的。此时如果没有按住Alt键直接拖动图层样式，则相当于将原图层中的图层样式剪切到目标图层中。

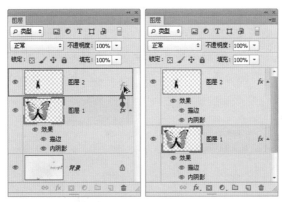

图9.34 复制图层样式

9.4.3 缩放图层样式

执行"图层"|"图层样式"|"缩放效果"命令，弹出如图9.35所示的对话框，在"缩放"文本框中输入数值或拖动滑块，可设置图层样式缩放的比例。

图9.35 "缩放图层效果"对话框

在操作过程中选中"预览"选项，这样可以在调节参数的同时观看图像的预览效果，满意后单击"确定"按钮退出对话框即可。如图9.36所示为原图像，如图9.37所示是分别将样式缩放为50%和25%后的效果。

图9.36 原图像　　　　　　　图9.37 分别将样式缩放为50%和25%后的效果

9.4.4 删除图层样式

要删除图层样式，具体操作方法如下：

- 删除某个图层上的某一图层样式：在"图层"面板中将该图层样式选中，然后拖动至"删除图层"按钮 🗑 上，如图9.38所示。还可以在图层上单击鼠标右键，从弹出的快捷菜单中选择"清除图层样式"命令。
- 删除某个图层上的所有图层样式：可以在"图层"面板中选中该图层，并执行"图层"|"图层样式"|"清除图层样式"命令；也可以在"图层"面板中选择图层下方的"效果"栏，将其拖动至"删除图层"按钮 🗑 上，如图9.39所示。

图9.38 拖动图层删除

图9.39 拖动"效果"栏删除

9.5 为图层组设置图层样式

在Photoshop CS6中，新增了为图层组增加图层样式的功能，在选中一个图层组的情况下，可以为该图层组中的所有图像增加图层样式。

以图9.40所示的素材图像为例，图9.41所示是为图层组"文字"增加了"外发光"和"渐变叠加"图层样式后的效果。

图9.40 素材图像

图9.41 为图层组添加图层样式后的效果

本章小结

在本章中，主要讲解了图层样式与填充不透明度两部分知识。通过本章的学习，读者应能够对Photoshop提供的所有图层样式有一个整体的了解，并针对其中常用的"斜面和浮雕"、"投影"、"内发光"、"外发光"、"内阴影"、"光泽"等图层样式有较深入的了解，并能够通过合理的搭配使用多个图层样式，制作得到立体、光泽、发光、凹陷等效果。

课后练习

一、选择题

1. 下列关于"图层样式"中光照参数的说法中，正确的是（   ）。
A. 光照角度是固定的
B. 光照角度可任意设定
C. 光线照射的角度只能是60°、120°、240°或300°
D. 光线照射的角度只能是0°、90°、180°或270°
2. 若在"投影"图层样式对话框中选中"使用全局光"选项，并设置"角度"数值为15，则下面哪些图层样式的角度也会随之变化？（   ）
A. 外发光   B. 内阴影   C. 斜面和浮雕   D. 内发光
3. 下面有关"图层"面板中的不透明度调节与填充调节之间的描述正确的是（   ）。
A. 不透明度调节将使整个图层中的所有像素起作用
B. 填充调节只对图层中填充像素起作用，如样式的投影效果等不起作用
C. 不透明度调节不会影响到图层样式效果，如样式的投影效果等
D. 填充调节不会影响到图层样式效果，如样式的图案叠加效果等
4. 以下可以添加图层样式的是（   ）。
A. 图层组   B. 形状图层   C. 文字图层   D. 普通图层

二、填空题

1. 设置（   ）数值可以仅改变图像的透明属性，而不影响图层样式的透明属性。
2. 要将当前图层样式对话框中的参数复位为系统的默认值，可以单击（   ）按钮。
3. 使用（   ）命令可设置图层样式缩放的比例。

三、判断题

1. 用户可以自己创建样式存储在"样式"面板中。（   ）

2. 单击图层样式对话框底部的"设置为默认"按钮，可以将当前的参数保存成为默认的数值。（　　）

3. 单击图层样式名称左侧的 👁 图标，使之消失，即可删除该图层样式。（　　）

四、上机操作题

1. 打开随书所附光盘中的文件"第9章\习题1-素材.psd"，如图9.42所示。试通过创建一个渐变填充图层，并编辑其中的渐变属性，制作得到如图所示9.43的效果。

图9.42 素材图像　　　　　　　　　　　　图9.43 彩色文字效果

2. 打开随书所附光盘中的文件"第9章\习题2-素材.psd"，如图9.44所示，试制作得到如图9.45所示的发光效果。

图9.44 素材图像　　　　　　　　　　　　图9.45 发光文字效果

3. 打开随书所附光盘中的文件"第9章\习题3-素材.psd"，如图9.46所示，试使用渐变叠加、描边等图层样式，制作得到如图9.47所示的效果。

图9.46 素材图像　　　　　　　　　　　　图9.47 文字效果

第10章

特殊图层详解

在前面的章节中已经对图层有了一个大致的了解。本章将继续上一章的讲解，学习特殊图层及其使用技巧，例如，填充图层、调整图层以及智能对象的概念和使用方法等。

智能对象图层可以像每个PSD格式图像文件一样装载多个图层的图像，但不同的是智能对象图层是以一个特殊图层的形式来装载这些图层。本章将对这些特殊的图层做具体的讲解。

10.1 填充图层

10.1.1 填充图层简介

填充图层是一类非常简单的图层，使用此类图层可以创建填充实色、渐变或图案的图层。

单击"图层"面板底部的"创建新的填充或调整图层"按钮 ，在其下拉菜单中选择一种填充类型，在弹出的对话框中设置参数，即可在目标图层之上创建一个填充图层。

Tips 提示

由于填充图层在本质上与普通图层并无太大区别，因此也可以通过改变图层的混合模式或不透明度、为图层添加蒙版、将其应用于剪切图层等操作获得不同的效果。

10.1.2 创建实色填充图层

单击"图层"面板底部的"创建新的填充或调整图层"按钮 ，在弹出的菜单中选择"纯色"命令，然后在弹出的"拾色器（纯色）"对话框中选择一种填充颜色，即可创建颜色填充图层。此时，该填充图层的外观、性能及使用方法，与形状图层完全相同。

10.1.3 创建渐变填充图层

单击"图层"面板底部的"创建新的填充或调整图层"按钮 ，在弹出的菜单中选择"渐变"命令，弹出如图10.1所示的"渐变填充"对话框。

图10.2 "渐变填充"对话框

在"渐变填充"对话框中选择一种渐变，并设置适当的"角度"及"缩放"等数值，然后单击"确定"按钮关闭对话框，即可得到渐变填充图层。

如图10.2所示为原图像，如图10.3所示是添加了渐变填充图层，并设置适当的图层属性后得到的效果及对应的"图层"面板。

图10.2 原图像　　　　图10.3 添加了渐变填充图层后的效果及对应的"图层"面板

　　创建渐变填充图层的好处在于修改其渐变样式的便捷性，编辑时只需要双击其图层缩览图，即可再次弹出"渐变填充"对话框，然后修改其参数即可。

　　如图10.4所示是在图10.3中图像的基础上，保持其图层属性不变，分别选择了其他3种渐变样式后得到的图像效果。

图10.4 选择不同渐变样式的效果对比

10.1.4 创建图案填充图层

　　单击"图层"面板底部的"创建新的填充或调整图层"按钮 ，在弹出的菜单中选择"图案"命令，即可弹出如图10.5所示的"图案填充"对话框。

图10.5 "图案填充"对话框

　　确认完成图案选择及参数设置等操作后，单击"确定"按钮，即可在目标图层上方创建图案填充图层。

　　如图10.6所示是原图像；如图10.7所示是利用4像素×4像素的文件定义的图案（为了便于观看，笔者将其显示比例放大为1600%）。如图10.8所示是以此图案创建图案填充图层后，设置适当的图层属性后得到的效果。

图10.6 原图像

图10.7 填充图案

图10.8 创建图案填充图层后的效果

　　要修改图案填充图层的参数，双击其图层缩览图，弹出"图案填充"对话框，修改完毕后单击"确定"按钮关闭对话框即可。

10.2 调整图层

10.2.1 调整图层简介

　　调整图层是图像处理过程中经常用到的功能，从功能上来说，它与"图像"|"调整"子菜单中的"图像调整"命令的功能是完全相同的，只不过它以一个图层的形式存在，从而更便于我们进行编辑和调整。具体来说，调整图层具有以下特点：

● 可编辑参数：调整图层最大的特点之一就是可以反复编辑其参数，这对于我们在尝试调整图像时非常方便。

● 可设置图层属性：上面已经提到过，调整图层是一个图层，因此我们可以对它应用很多对普通图层进行的操作。除了最基本的复制、删除等操作外，还可以根据需要为调整图层设置混合模式、添加蒙版、设置不透明度等，因此非常方便对调整效果的控制。

● 可调整多个图层：在使用调整命令调整图像时，每次只能对一个图层中的图像进行调整，而调整图层则可以对所有其下方图层中的图像进行调整。当然，如果仅需要调整某个图层中的图像，那么可以在调整图层与该图层之间创建剪贴蒙版。

10.2.2 "调整"面板简介

"调整"面板的作用就是在创建调整图层时，将不再通过调整对话框设置参数，而是在此面板中设置。

在没有创建或选择任意一个调整图层的情况下，执行"窗口"|"调整"命令，将调出如图10.9所示的"调整"面板。

在选中或创建了调整图层后，在面板中显示出其对应的参数。图10.10所示是在选择了"黑白"调整图层时的面板状态。

图 10.9 "调整"面板　　图 10.10 选择"黑白"调整图层时的面板状态

面板中的按钮功能解释如下：

● "创建剪贴蒙版"按钮 ：单击此按钮，可以在当前调整图层与下面的图层之间创建剪贴蒙版，再次单击则取消剪贴蒙版。

● "预览最近一次调整结果"按钮 ：单击此按钮，可以预览本次编辑调整图层参数时，最初始与刚刚调整完参数时的状态对比。

● "复位"按钮 ：单击此按钮，则完全复位到该调整图层默认的参数状态。

● "图层可见性"按钮 ：单击此按钮，可以控制当前所选调整图层的显示状态。

● "删除此调整图层"按钮 ：单击此按钮，并在弹出的对话框中单击"是"按钮，则可以删除当前所选的调整图层。

● "蒙版"按钮 ：在Photoshop CS6中，单击此按钮，将进入选中的调整图层的蒙版编辑状态。此面板能够提供用于调整蒙版的多种控制参数，使操作者可以轻松修改蒙版的不透明度、边缘柔化度等属性，并可以方便地增加矢量蒙版、反相蒙版或者调整蒙版边缘等。

10.2.3 创建调整图层

调整图层可以调整该图层以下所有图层的颜色，使用此图层实际上能够起到一种跨越图层调整图像颜色的功能。

尤其需要指出的是用这种方法调整图像的颜色时，不改变图像的像素值，因此能够在很大程度上保持图像的原貌不变，从而为以后的调整工作保留更大的空间及自由度。所以如果不需要调整图层，或者需要恢复至原始状态，可以随时删除调整图层。

● 执行"图层"|"新建调整图层"子菜单中的命令，此时将弹出如图10.11所示的对话框，可以看出与创建普通图层时的"新建图层"对话框基本相同，单击"确定"按钮关闭对话框，即可创建一个调整图层。

图10.11 "新建图层"对话框

Tips 提示

如果希望在创建的调整图层与当前选中的图层之间创建剪贴蒙版，可以选中"使用前一图层创建剪贴蒙版"复选框。

● 单击"图层"面板底部的"创建新的填充或调整图层"按钮 ，在弹出的菜单中选择需要的命令，然后在"属性"面板中设置参数即可。

Tips 提示

由于调整图层仅影响其下方的所有可见图层，所以在创建调整图层时，图层位置的选择非常重要。在默认情况下，调整图层创建于当前选择的图层上方。

● 在"调整"面板中单击面板上的各个图标，即可创建对应的调整图层。

如图10.12所示，组成图像的草莓及人物图像分别位于两个不同的图层上，此时，我们就可以利用调整图层单独为草莓进行颜色处理，如图10.13所示为增加了"色彩平衡"及"亮度/对比度"调整图层，并设置适当参数后得到的效果。

图10.12 原图像及"图层"面板

图10.13 增加调整图层后的效果及"图层"面板

10.2.4 重设调整图层的参数

要重新设置调整图层中所包含的命令参数，可以先选择要修改的调整图层，再双击调整图层的图层缩览图，即可在"属性"面板中调整其参数。

Tips 提示

如果用户添加的是"反相"调整图层，则无法对其进行调整，因为该命令没有任何参数。

Tips 提示

调整图层也属于图层的一种，所以它也支持设置不透明度、混合模式及蒙版等属性，读者可以在下一章学习了相关知识后，再来学习本章讲解的调整图层。

10.3 智能对象

10.3.1 智能对象的基本概念及特点

智能对象的全称为智能对象图层，它具有与图层组相似的基本属性，即其中都可以容纳图层。它们的区别就在于前者仍然是一个图层，我们可以对它进行几乎所有普通图层允许的属性设置及相关操作，例如设置其填充不透明度、添加图层样式、应用滤镜及使用调整图层调色等，这对于图层组来说，是很难甚至无法实现的。

从外观上看，智能对象图层的特殊之处就在于其图层缩览图右下角的 标志，如图10.14所示，在图中也可以看出智能对象图层能够容纳其他类型图层的特性。

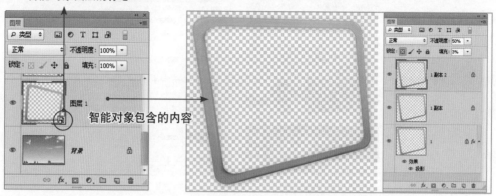

智能对象图层的标志

智能对象包含的内容

图10.14 智能对象的标志及容纳特效示意图

由于智能对象图层的特殊性，它也拥有其他图层所不具备的优点：

● 无损缩放：如果在Photoshop中对图像进行频繁的缩放，会引起图像信息的损失，最终导致图像变得越来越模糊。但如果将一个智能对象在100%比例范围内进行频繁缩放，则不会使图像变得模糊，因为我们并没有改变外部的子文件的图像信息。当然，如果我们将智能对象放大超过100%，仍然会对图像的质量有影响，其影响效果等同于直接将图像进行放大。

● 支持矢量图形：我们可以使用AI、EPS等格式的矢量素材图形帮助提高作品的质量。而使用这些格式的图形时，最好的选择就是使用智能对象，即将矢量图形以智能对象的形式粘贴至Photoshop中，在不改变矢量图形内容的情况下，还可以保留其原有的矢量属性，以便于返回至矢量软件中进行编辑。

● 智能滤镜：所谓的智能滤镜，是指对智能对象图层应用滤镜，并保留滤镜的参数，以便于随时进行编辑、修改。

● 记录变形参数：在将图层转换为智能对象的情况下，执行"编辑"|"变换"|"变形"命令进行的所有变形处理，都可以被智能对象记录下来，以便于进行编辑和修改。

● 便于管理图层：当我们面对一个较复杂的Photoshop文件时，可以将若干个图层保存为智能对象，从而降低Photoshop文件中图层的复杂程度，使我们更便于管理并操作Photoshop文件。

10.3.2 创建智能对象

创建智能对象有多种方法，可以根据实际工作情况选择最适合的方法。

● 选择一个或多个图层后，在其中任意一个图层名称上右击，在弹出的菜单中选择"转换为智能对象"命令。

● 执行"文件"|"置入"命令，在弹出的对话框中选择一个矢量格式、PSD格式或其他格式的图像文件。

● 在矢量软件中对矢量对象执行"复制"操作，在Photoshop中执行"粘贴"操作，然后在弹出的对话框中选择"智能对象"选项后，单击"确定"按钮。

● 执行"文件"|"打开为智能对象"命令，在弹出的对话框中打开一个矢量或位图等格式的文件，即可自动创建一个智能对象图层，该图层中包括了全部打开文件中的内容（含图层、通道等信息）。如图10.15所示为使用此命令打开一个由Illustrator生成的AI格式文件时弹出的对话框，设置参数后，单击"确定"按钮即可。

图10.15 "打开为智能对象"对话框

10.3.3 复制智能对象

在Photoshop中可以任意复制智能对象图层，其操作方法与复制图层完全相同。它的优点是无论复制了多少图层，只要对其中任意一个智能对象进行编辑后，其他所有相关的智能对象的状态都会发生相应的变化。

在使用复制普通图层的方法复制智能对象时，智能对象之间会存在一个链接关系，即编辑其中任意一个智能对象的内容，就会改变其他所有的智能对象的内容。如图10.16所示为原图像，其中"图层1"是一个智能对象图层，其副本图层都是通过普通的方式复制得到的，然后调整图像的位置及大小，此时编辑其中任意一个图框图像的颜色，则其他所有智能对象的颜色也会发生变化，如图10.17所示。

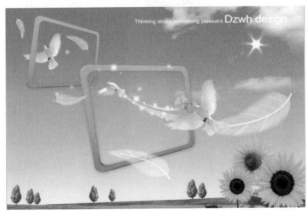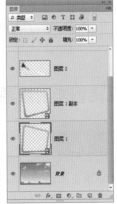

图10.16 原图像

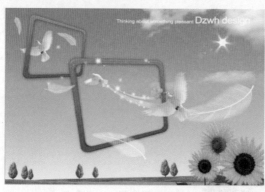

图10.17 调色后的效果

如果希望新的智能对象与原智能对象处于非链接关系，那么就需要执行"图层"|"智能对象"|"通过拷贝新建智能对象"命令来复制智能对象图层。也可以在要复制的智能对象图层名称上右击，在弹出的菜单中选择"通过拷贝新建智能对象"命令。

这种复制智能对象的好处就在于复制得到的智能对象虽然在内容上都是相同的，但它们却都是相对独立的，此时如果编辑其中一个智能对象的内容，其他以此种方式复制得到的智能对象不会发生变化。而使用前面一种方法复制得到的智能对象，在修改其中一个的内容后，则所有相关的智能对象都会发生相同的变化。

例如，仍以图10.16为例，如图10.18所示就是按照上述复制智能对象的方法，重新制作的另外一个图框图像，此时再编辑"图层1"中图框的颜色，只有被修改的智能对象发生了变化，而其他的智能对象均保持原状态不变，此时的"图层"面板如图10.19所示。

图10.18 取消链接关系后的修改结果   图10.19 "图层"面板

10.3.4 编辑智能对象源文件

通过前面的讲解已经知道，智能对象是由一个或多个图层组成的，因此在对其源文件进行编辑时，完全可以采用以前讲解过的任意一种图层及图像编辑方法，直至满意为止。要编辑智能对象的源文件，可以按以下的步骤操作：

① 在"图层"面板中选择智能对象图层。

② 直接双击智能对象图层，或者执行"图层"|"智能对象"|"编辑内容"命令，也可以直接在"图层"面板的菜单中选择"编辑内容"命令。

③ 默认情况下，无论使用上面的哪一种方法，都会弹出如图10.20所示的提示对话框。

图10.20 提示对话框

④ 直接单击"确定"按钮，则进入智能对象的源文件中。

⑤ 在源文件中进行修改操作，然后执行"文件"|"存储"命令，关闭此文件。

⑥ 执行上面的操作后，则修改后源文件的变化会反映在智能对象中。

如果希望取消对智能对象的修改，可以按Ctrl+Z键，此操作不仅能够取消在当前Photoshop文件中智能对象的修改效果，而且还能够使被修改的源文件也回退至修改前的状态。

10.3.5 导出智能对象

通过导出智能对象的操作，可得到一个包含所有嵌入智能对象中位图或矢量信息的文件。要导出智能对象，只需要选择要导出的智能对象图层，然后执行"图层"|"智能对象"|"导出内容"命令，在弹出的"存储"对话框中为文件选择保存位置并对其进行命名。

10.3.6 栅格化智能对象

在前面的讲解中已经提到，由于智能对象图层属于一种特殊属性的图层，所以很多图像编辑操作无法实现，唯一的解决方法就是将智能对象图层栅格化。其操作方法就是执行"图层"|"智能对象"|"栅格化"命令，即可将智能对象转换为普通图层。

需要注意的是，将智能对象图层栅格化后，即将其转换为普通图层，此时将无法再继续编辑其中的图像。

 提示

本章所用到的素材及最终效果文件为随书光盘第12章中的文件，文件名对应本章的章节号。

本章小结

在本章中，主要讲解了填充图层、调整图层以及智能对象图层这3类较为特殊的图层。通过本章的学习，读者应能够对这3类特殊图层有一个全面的了解，并应用到实际工作过程中。

课后练习

一、选择题

1. 以下关于调整图层的描述错误的是 （　　）。

A. 可通过创建"曲线"调整图层或者通过执行"图像"｜"调整"｜"曲线"命令对图像进行色彩调整，两种方法都对图像本身没有影响，而且方便修改

B. 调整图层可以在"图层"面板中更改透明度

C. 调整图层可以在"图层"面板中更改图层混合模式

D. 调整图层可以在"图层"面板中添加矢量蒙版

2. 在复制智能对象图层时，若不希望原图层与副本图层之间有关系，则下列方法错误的是 （　　）。

A. 在智能对象图层的名称上单击右键，在弹出的菜单中选择"通过拷贝新建智能对象"

B. 按Ctrl+J键

C. 将智能对象图层拖至"创建新图层"按钮 ▣ 上

D. 按住Alt键将智能对象图层拖至"创建新图层"按钮 ▣ 上

3. 下面哪些特性是调整图层所具有的？ （　　）

A. 调整图层是用来对图像进行色彩编辑，并不影响图像本身

B. 调整图层可以通过调整不透明度、选择不同的图层混合模式来达到特殊的效果

C. 调整图层可以删除，且删除后不会影响原图像

D. 选择任何一个"图像｜调整"弹出菜单中的色彩调整命令都可以生成一个新的调整图层

二、填空题

1. 单击"图层"面板底部的（　　）按钮，在弹出的菜单中选择"图案"命令，可以创建图案填充图层。

2. 选择"文件"菜单中的（　　）命令，在弹出的对话框选择一个图像文件，即可将其以智能对象的形式打开。

三、判断题

1. 使用渐变填充图层与渐变工具 ▣，可以制作得到相同的渐变效果，且二者在可编辑性上也完全相同。（　　）

2. 不能直接对背景层添加调整图层。（　　）

3. 对非智能对象图层中的图像进行反复的变换操作，会影响图像的质量。（　　）

4. 若当前存在选区，则创建调整图层时自动为该图层添加相应的图层蒙版。（　　）

5. 调整图层最大的特点之一就是可以反复编辑其参数，这对于我们在尝试调整图像时非常方便。（　　）

四、上机操作题

1. 打开随书所附光盘中的文件"第10章\ 习题1-素材1.psd"，如图10.21所示。试通过创建一个渐变填充图层，并编辑其中的渐变属性，制作得到如图10.22所示的效果。

图10.21 素材图像

图10.22 彩色文字效果

2. 打开随书所附光盘中的文件"第10章\ 习题2-素材1.psd"，如图10.23所示。将其中的"图层1"和"图层2"转换为智能对象，并结合混合模式、图层蒙版功能，制作得到如图10.24所示的效果。

图10.23 素材图像

图10.24 合成后的效果及对应的"图层"面板

第11章

创建与编辑3D模型

随着Photoshop版本的不断升级，3D功能也得到了极大的扩展和完善。Photoshop CS6版本中，已经实现非常复杂的3D对象处理操作，如建模、贴图、光照、纹理等，为用户进一步实现三维艺术效果或立体效果图展示等提供了非常方便的解决方案。下面就来讲解一些常用的3D处理功能。

11.1 3D功能概述

使用3D功能可以制作各种真实的3D对象，在文字特效、图像特效、效果图表现以及视觉表现等领域中，都有着非常丰富的应用。在Photoshop CS6中，在原有的强大功能基础上，又大大地简化并优化了3D对象的编辑与处理流程，并增加了新的阴影拖动、素描或卡通外观渲染等功能。下面就来讲解这些功能的使用方法及技巧。

11.1.1 设置图形处理器

在Photoshop CS6中，至少要在Windows 7系统下，并启用了图形处理器功能，才可以正常使用3D功能。用户可以执行"编辑"|"首选项"|"性能"命令，在弹出的对话框右下方选中"使用图形处理器"选项。

若"使用图形处理器"选项显示为灰色不可用状态，则可能是电脑的显卡不支持此功能，用户可尝试更新显卡的驱动程序。

11.1.2 了解"3D"面板

执行"窗口"|"3D"命令或在"图层"面板中双击某3D图层的缩览图，都可以显示如图11.1所示的"3D"面板。

默认情况下，3D面板选中的是顶部的"整个场景"按钮，此时会显示每一个选中的3D图层中3D模型的网格、材质和光源，还可以在此面板对这些属性进行灵活地控制。

图11.2展示了分别单击"网格"按钮、"材质"按钮、"光源"按钮后3D面板的状态。

在大多数情况下，应该保持按钮被按下，以显示整个3D场景的状态，从而在面板上方的列表中单击不同的对象时，能够在"属性"面板中显示该对象的参数，以方便对其进行控制。

> **Tips 提示**
>
> 当在3D面板中选择不同的对象时，在画布中单击右键，即可弹出与之相关于的参数面板，从而进行快速的参数设置。

图11.1 选择"整个场景"按钮时的3D面板　　　图11.2 选择另外3个按钮时的3D面板

11.1.3 认识3D图层

3D图层属于一类非常特殊的图层，为了便于与其他图层区别开来，其缩览图上存在一个特殊的标识，另外，根据设置的不同，其下方还有不等数量的贴图列表，如图11.3所示。

下面来介绍一下3D图层各组成部分的功能：

● 双击3D图层缩览图可以调出3D面板，以对模型进行更多的属性设置。

● 3D图层标志：可以方便认识并找到3D图层的主要标识。

● 纹理：Photoshop CS6提供了很多种纹理类型，比如用于模拟物体表面肌理的"漫射"类贴图，以及用于模拟物体表面反光的"环境"类贴图等，每种纹理类型下面都可以为其设置不同数量的贴图。本书将在后面的章节中详细讲解贴图的类型。

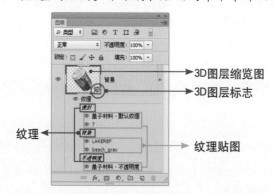

图11.3 认识3D图层

● 纹理贴图：此处列出了在不同的纹理类型中所包含的纹理贴图数量及名称，当光标置于不同的贴图上时，还可以即时预览其中的图像内容。

11.2 创建3D模型

11.2.1 导入3D模型

如果读者拥有一些3D资源或自己会使用一些三维软件，也可以使用下面的方法将其导入至Photoshop中使用。Photoshop支持三维模型文件的格式有*.3Ds、*.obj、*.u3D、*.dae、*.fl3、*.kmz。

- 执行"文件"|"打开"命令，在弹出的对话框中直接打开三维模型文件，即可导入3D模型。
- 执行"3D"|"从3D文件新建图层"命令，在弹出的对话框中打开三维模型文件，即可导入3D模型。
- 直接将模型文件拖至Photoshop的软件界面处打开。

11.2.2 创建3D明信片模型

使用"明信片"命令可以将平面图像转换为3D明信片两面的贴图材料，该平面图层也相应被转换为3D图层，其具体步骤如下。

① 打开随书所附光盘中的文件"第11章\11.2.2 创建3D明信片模型-素材.jpg"，如图11.4所示，选择图层"背景副本"。

② 执行"3D"|"从图层新建网格"|"明信片"命令，如图11.5所示为使用此命令后在3D空间内进行旋转的效果。

图11.4 素材图像

图11.5 扭曲透视效果

11.2.3 创建3D预设模型

在Photoshop CS6中，可以创建新的3D模型（如锥形、立方体或者圆柱体等），并在3D空间中移动此3D模型、更改其渲染设置、添加灯光或者将其与其他3D图层合并等。

下面讲解创建新的3D模型的基本操作步骤。

① 打开或者新建一个平面图像文件。

② 执行"3D"｜"从图层新建网格"｜"网格预设"命令，然后在其子菜单中选择一种形状，包括圆环、球面或者帽子等单一网格对象，以及圆环、圆柱体、汽水或者酒瓶等对象。

③ 被创建的3D模型将直接以默认状态显示在图像中，可以通过旋转、缩放等操作对其进行基本编辑，图11.6展示了使用此命令创建的几种最基本的3D模型。

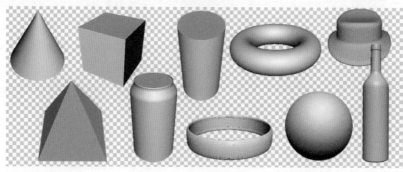

图11.6 不同的网格预设

11.2.4 创建凸出模型

创建凸出模型功能最大的特点就在于，支持从文字图层、普通图层、选区以及路径等对象上创建模型，使得创建模型的工作更加丰富、易用，在依据不同的对象创建模型时，也需要在当前所选中的图层或当前画布中显示了相应的对象，如要依据路径创建模型，则当前应显示一或多条封闭路径。

首先，输入并设置文字的基本属性，然后以图11.7中所示的文字为例，执行"3D"｜"从所选图层创建3D凸出"命令即可将其转换为3D模型，另外在使用文本工具刷黑选中文字的情况下，也可以单击其工具选项栏上的 3D 按钮，从而快速将文字转换为3D模型。图11.8所示是将其转换为3D模型，并设置了贴图、光照及投影等属性后的效果。

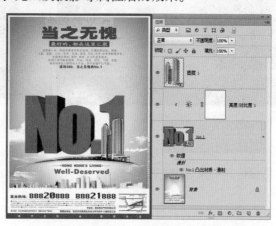

图11.7 素材图像　　　　图11.8 设置了贴图、光照及投影后的效果

若是依据选区或路径创建凸出模型，则可以执行"3D"|"从当前选区创建3D凸出"或"从所选路径创建3D凸出"命令，或在3D面板的"源"下拉列表中选择"当前选区"或"工作路径"选项，并在面板中选择"3D凸出"选项，单击"创建"按钮后，即可以当前的选区为轮廓、以当前图层中的图像为贴图，创建一个3D模型，默认情况下，即可生成一个凸出模型。

11.3 调整3D模型

总的来说，调整3D模型可以分为调整模型本身，或调整相机，二者在操作方法上基本相同，因此在下面的讲解中，将以调整模型对象为例进行讲解。

11.3.1 使用3D轴编辑模型

3D轴用于控制3D模型，使用3D轴可以在3D空间中移动、旋转、缩放3D模型。要显示如图11.9所示的3D轴，需要在选择移动工具 ▶⊕ 的情况下，在3D面板中选择"场景"，如图11.10所示。此时可以对模型整体进行调整，若是选中了模型中的单个网络，则可以仅对该网络进行编辑。

在3D轴中，红色代表X轴，绿色代表Y轴，蓝色代表Z轴。

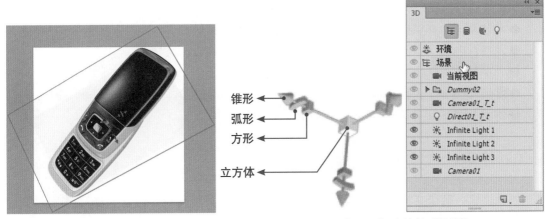

图11.9 3D轴　　　　　　　　　　图11.10 在3D面板中选择"场景"

要使用3D轴，将光标移至轴控件处，使其高亮显示，然后进行拖动，根据光标所在控件的不同，操作得到的效果也各不相同，详细操作如下：

- 要沿着X、Y轴或Z轴移动3D模型，将光标放在任意轴的锥形，使其高亮显示，拖动左键即可以任意方向沿轴拖动。
- 要旋转3D模型，单击3D轴上的弧线，围绕3D轴中心沿顺时针或逆时针方向拖动圆环，状态如图11.11所示，拖动过程显示的旋转平面指示旋转的角度。
- 要沿轴压缩或拉长3D模型，将光标放在3D轴的方形上，然后左右拖动即可。
- 要缩放3D模型，将光标放在3D轴中间位置的立方体上，然后向上或向下拖动。

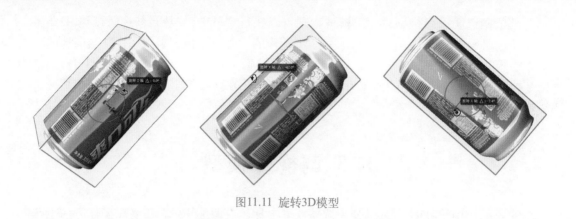

图11.11 旋转3D模型

11.3.2 使用工具调整模型

除了使用3D轴对3D模型进行控制外，还可以使用工具箱中的3D模型控制工具对其进行控制。在Photoshop CS6中，所有用于编辑3D模型的工具都被整合在移动工具▶⊹的选项条上，选择任何一个3D模型控制工具后，移动工具选项条将显示为如图11.12所示的状态。

图11.12 激活3D编辑工具后的移动工具选项条

工具箱中的5个控制工具与工具选项栏左侧显示的5个工具图标相同，其功能及意义也完全相同，其功能释义分别如下：

● 旋转3D对象工具：拖动此工具可以将对象进行旋转。
● 滚动3D对象工具：此工具以对象中心点为参考点进行旋转。
● 拖动3D对象工具：此工具可以移动对象的位置。
● 滑动3D对象工具：此工具可以将对象向前或向后拖动，从而放大或缩小对象。
● 缩放3D对象工具：此工具将仅调整3D对象的大小。

11.3.3 使用参数精确设置模型

要通过输入数值来精确控制模型的方向、位置及缩放属性，可以在选择3D图层的情况下，在3D面板中选择"场景"，然后在"属性"面板中单击坐标按钮，在此面板中，从左至右可分别设置模型的位置、旋转及缩放的X/X/Z轴上的数值，如图11.13所示。

图11.13 选择"坐标"选项的"属性"面板

11.4 设置材质、纹理及纹理贴图

在Photoshop中，关系到模型表面质感（如岩石质感、光泽感以及不透明度等）的主要包括了材质、纹理及纹理贴图三大部分，而它们之间的联系又是密不可分的。其中材质是指当前3D模型中可设置贴图的区域，一个模型中可以包含多个材质，而每个材质可以设置12种纹理，这12种纹理中的大部分可以设置相应的图像内容，即纹理贴图。

以图11.14所示的模型为例，其中包括了3个材质，选择不同的材质后，在"属性"面板中设置其详细的纹理及纹理贴图参数，如图11.15所示。

图11.14 酒瓶模型　　　　　图11.15 3D面板和"属性"面板

下面将分别介绍这3个组成部分的作用及关系。

● 材质：指模型中可以设置贴图的区域，例如以上面所示的酒瓶模型来看，它包括了3个材质，即标签材质、玻璃材质及木塞材质，这3部分即代表了可以用于设置贴图的区域。

对于由Photoshop创建的模型来说，其材质的数量及贴图区域由软件自定义生成，用户无法对其进行修改，比如球体只具有1种材质、圆柱体具有3种材质；对于从外部导入的模型而言，其材质数量及贴图区域是由三维软件中的设置决定的，虽然它可以根据用户的需要随意进行修改，但难点就在于，它需要用户对三维软件有一定的了解，才能够正确地进行设置。

● 纹理：Photoshop提供了12类纹理以用于模拟不同的模型效果，比如用于设置材质表面基本质感的"漫射"纹理、用于设置材质表面凸凹程度的"凸凹"纹理等，也有些纹理是要相互匹配使用的，比如"环境"与"反射"纹理等。

● 纹理贴图：简单来说，材质的"纹理"是指它的纹理类型，而"纹理贴图"则决定了纹理表面的内容。比如为模型附加"漫射"类纹理，当为其指定不同的纹理贴图时，得到的效果会有很大的差异。

在"属性"面板中单击要创建的纹理类型右侧的"编辑纹理"按钮 ，在弹出的菜单中选择"新建纹理"、"载入纹理"命令，即可为纹理添加贴图。下面分别讲解12种纹理的意义：

● 漫射：这是最常用的纹理映射，在此可以定义3D模型的基本颜色，如果为此属性添加了漫射纹理贴图，则该贴图将包裹整个3D模型。图11.16所示就是设置不同的漫射颜色后的效果。

● 镜像：在此可以定义镜面属性显示的颜色。

● 发光：此处的颜色指由3D模型自身发出的光线的颜色。图11.17所示是设置不同的发光颜色时的效果。

图11.16 设置不同的漫射颜色时的效果　　　　图11.17 设置不同的发光颜色时的效果

● 环境：设置在反射表面上可见的环境光颜色，该颜色与用于整个场景的全局环境色相互作用。

● 闪亮：低闪亮值（高散射）产生更明显的光照，而焦点不足。高反光度（低散射）产生较不明显、更亮、更耀眼的高光，此参数通常与"粗糙度"组合使用，以产生更多光洁的效果。

● 反射：此参数用于控制3D模型对环境的反射强弱，需要通过为其指定相对应的映射贴图以模拟对环境或其他物体的反射效果。图11.18所示是设置了3D面板右下角的"环境"纹理贴图，并以20%为增量，分别设置"反射"值为0~100%时的效果。

图11.18 分别设置不同"反射"值时的效果

● 粗糙度：在此定义来自灯光的光线经表面反射折回到人眼中的光线数量。数值越大，则表示模型表面越粗糙，产生的反射光就越少；反之，此数值越小，则表示模型表面越光滑，产生的反射光也就越多。此参数常与"闪亮"参数搭配使用，图11.19所示为不同的参数组合所取得的不同效果。

0%/0%   100%/0%   0%/100%   50%/50%   100%/50%   50%/100   100%/100%

图11.19 不同的参数组合所取得的不同效果

● 凹凸：在材质表面创建凹凸效果，此属性需要借助于凹凸映射纹理贴图，凹凸映射纹理贴图是一种灰度图像，其中较亮的值创建凸出的表面区域，较暗的值创建平坦的表面区域。

● 不透明度：此参数用于定义材质的不透明度，数值越大，3D模型的透明度越高。而3D模型不透明区域则由此参数右侧的贴图文件决定，贴图文件中的白色使3D模型完全不透明，而黑色则使其完全透明，中间的过渡色可取得不同级别的不透明度。图11.20所示是为"玻璃材质"设置不同"不透明度"值时的效果。

图11.20 为"玻璃材质"设置不同"不透明度"值时的效果

- 折射：在此可以设置折射率。
- 正常：像凹凸映射纹理一样，正常映射用于为3D模型表面增加细节。与基于灰度图像的凹凸处理不同，正常映射基于RGB图像，每个颜色通道的值代表模型表面上正常映射的x、y分量和z分量。正常映射可使多边形网格的表面变得平滑。
- 环境：环境映射模拟将当前3D模型放在一个有贴图效果的球体内，3D模型的反射区域中能够反映出环境映射贴图的效果。

11.5 3D模型光源操作

Photoshop CS6提供了3类光源类型，分别如下：
- 点发光类似于灯泡，向各个方向均匀发散式照射。
- 聚光灯照射出可调整的锥形光线，类似于影视作品中常见的探照灯。
- 无限光类似于远处的太阳光，从一个方向平面照射。

11.5.1 添加光源

要添加光源，可单击3D面板中的"将新光照添加到场景"按钮▣，然后在弹出的菜单中选择一种要创建的光源类型即可。

以图11.21所示的模型为例，图11.22所示分别为添加了这3种光源后的渲染效果。

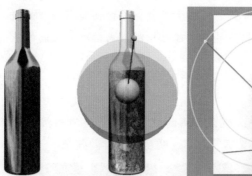

图11.21 原模型的光照效果　　图11.22 添加3种不同光源后的光照效果

11.5.2 调整光源属性

Photoshop提供了丰富的光源属性控制参数，用户可以设置其强度、颜色、阴影以及阴影的柔和度等，在选中一个光源后，即可在"属性"面板中进行设置。下面将分别讲解各参数的作用：

- 预设：在此可以选择Photoshop CS6提供的预设灯光，以快速获得不同的光照效果。
- 类型：每个3D场景都可以设置3种光源类型，并可以进行相互转换，要完成这一操作，可以在3D面板的光源列表中选择要调整的光源，然后在此下拉列表中选择一种新的光源类型即可。
- 颜色：此参数定义光源的颜色，图11.23所示分别是设置不同光源色彩时的效果。
- 强度：此参数调整光源的照明亮度，数值越大，亮度越高。
- 阴影：如果当前3D模型具有多个网格组件，选择此复选框，可以创建从一个网格投射到另一个网格上的阴影。
- 柔和度：此参数控制阴影的边缘模糊效果，以产生逐渐的衰减。图11.24所示就是设置不同"柔和度"数值时的阴影效果。

图11.23 设置不同颜色时的效果　　　图11.24 设置不同"柔和度"数值时的阴影效果

- 聚光（仅限聚光灯）：设置光源明亮中心的宽度，图11.25所示是设置不同"聚光"数值时得到的效果。

图11.25 设置不同"聚光"数值时的效果

- 锥形（仅限聚光灯）：设置光源的外部宽度，此数值与"聚光"数值的差值越大，得到的光照效果边缘越柔和。
- 光照衰减（针对光点与聚光灯）："内径"和"外径"选项决定衰减锥形，以及光源强度随对象距离的增加而减弱的速度。对象接近"内径"数值时，光源强度最大；对象接近"外径"数值时，光源强度为零。处于中间距离时，光源从最大强度线性衰减为零。

11.6 更改3D模型的渲染设置

要渲染3D模型，可以在选中要渲染的3D图层后，在"属性"面板底部单击"渲染"按钮 ，即开始根据所设置的参数进行渲染。另外，在Photoshop CS6中，渲染功能被整合在"属性"面板中，在3D面板中选择"场景"后，即可在"属性"面板中设置相关的参数，如图11.26所示。

图11.26 3D面板及"属性"面板

11.6.1 选择渲染预设

Photoshop提供了多达20种标准渲染预设，并支持载入、存储、删除预设等功能，在"预设"下拉菜单中选择不同的项目即可进行渲染。

11.6.2 自定渲染设置

除了使用预设的标准渲染设置，也可以通过选中"表面"、"线条"以及"点"3个选项，以分别对模型中的各部分进行渲染设置。

例如以"线条"渲染方式为例，图11.27所示为分别设置不同"角度阈值"数值时的渲染效果。图11.28所示是线"点"渲染方式，设置不同参数时的渲染结果效果。

图11.27 "线条"渲染方式   图11.28 "点"渲染方式

本章小节

本章主要讲解了Photoshop中的3D功能，通过本章的学习，读者熟悉了各种常用的模型创建与编辑操作，并对设置3D模型的纹理、材质、灯光以及渲染等参数有一个整体的了解，尤其对常用的3D文字效果应有一个较高的认识，并能够熟练地对其进行编辑设置。

课后练习

一、选择题

1. 下列无法在Photoshop中创建的3D对象是（　　）。

A. 明信片　　　B. 体积　　　C. 锥形　　　D. 树形

2. 下列可以改变模型大小及位置的工具是（　　）。

A. 移动工具 ┣⊹　　　　　　　　　C. 滑动3D对象工具 ✥

B. 拖动3D对象工具 ✛　　　　　　D. 滚动3D对象工具 ◎

3. 下列可以显示3D面板的方法有（　　）。

A. 选择"窗口－3D"命令　　　B. 双击3D图层的缩览图　　　C. 按F3键　　　D. 按F4键

4. 下列可以创建的网格预设有（　　）。

A. 帽子　　　B. 金字塔　　　C. 全景球体　　　D. 球体

5. 在Photoshop中，可以为3D对象设置（　　）。

A. 灯光　　　B. 纹理　　　C. 渲染参数　　　D. 阴影

二、填空题

1. 3D对象的渲染方式主要有（　　）、（　　）和（　　）3种。

2. （　　）是依据所选图像的亮度来创建模型的。

三、判断题

1. 要为某个材质设置纹理，首先要将其选中，然后在"属性"面板中进行设置。（　　）

2. 在为3D对象应用滤镜或执行变换操作前，先要将其转换为智能对象图层。（　　）

3. 在创建3D体积前，至少要选中两个或更多个图层。（　　）

四、上机操作题

1. 打开随书所附光盘中的文件"第11章\习题1-素材.psd"，如图11.29所示，结合本章介绍的制作 3D文字的方法，制作得到如图11.30所示的效果。

图11.29 素材图像　　　　　　　　　　图11.30 3D文字效果

2. 使用本章前面使用的酒瓶素材图像，再打开随书所附光盘中的文件"第11章\习题2-素材.JPG"，如图11.31所示，试制作得到如图11.32所示的酒瓶模型效果。

图11.31 素材图像　　　　　　　　　图11.32 酒瓶模型效果

第12章
输入与编辑文本

文字是文化的重要组成部分及载体。几乎在任何一种视觉媒体中，文字和图片都是两个基本构成要素，而文字效果将直接影响到设计作品的视觉表达效果。

本章将对Photoshop中的各项文字编辑及处理功能进行详细的讲解。

12.1 输入横/直排文字

12.1.1 创建横排文本

在一般文本的书写中，横排文本是最常用的一种方式，要创建横排文本可以按下述方法进行操作：

① 打开随书所附光盘中的文件"第12章\12.1.1 创建横排文本-素材.jpg"。

② 在工具箱中选择横排文字工具 T。

③ 设置横排文字工具 T 选项条，如图12.1所示。

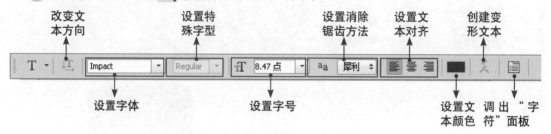

图12.1 横排文字工具选项条

横排文字工具 T 选项条中的重要参数解释如下：

● 在"设置字体系列"下拉列表中选择合适的字体。

● 在"设置字体大小"下拉列表中选择合适的字号。

● 单击"设置文本对齐"的三个按钮设置适当的对齐方式。

● 单击"设置文本颜色"图标，在弹出的颜色拾色器中选择文字颜色。

④ 利用横排文字工具 T 在页面中单击插入一个文本光标（也可以用文字光标在页面中拖动），然后在光标后面输入文字，如图12.2所示。

图12.2 在光标后面输入文字

⑤ 输入文字时，工具选项条的右侧会出现"提交当前所有编辑"按钮 ✓ 与"取消当前所有编辑"按钮 ⊘。单击 ✓ 按钮，确认输入的文字，如图12.3所示。创建一个文字图层，效果如图12.4所示，单击 ⊘ 按钮，取消操作。

图12.3 确认输入的文字　　　　　　　　图12.4 创建一个文字图层

12.1.2 创建直排文本

创建直排文本的操作方法与创建横排文本相同。单击横排文字工具  片刻，在隐藏工具中选择直排文字工具，然后在页面中单击并在光标后面输入文字，文本呈竖向排列，如图12.5所示。

图12.5 直排文本实例

12.2 转换横排文字与直排文字

虽然使用横排文字工具 只能创建水平排列的文字，使用直排文字工具 只能创建垂直排列的文字，但在需要的情况下，我们可以相互转换这两种文本的显示方向。

若要改变文本的方向，操作步骤如下：

① 打开随书所附光盘中的文件"第12章\12.2 转换横排文字与直排文字-素材.psd"。

② 利用横排文字工具 或直排文字工具 输入文字。

③ 在工具箱中选择文本工具。

④ 执行下列操作中的任意一种，即可改变文字方向：

● 单击工具选项条中的"更改文字方向"按钮 T 。

● 执行"图层"|"文字"|"垂直"或选择"图层"|"文字"|"水平"命令。

例如，在单击"更改文字方向"按钮 T 后，将如图12.6所示的直排文字转换为水平排列的文字。

图12.6 将直排文字转换为横排文字

12.3 输入点/段落文字

12.3.1 输入点文字

无论使用哪一种文字工具创建文本，都有两种方式，即点文字（用文字光标在页面中单击后输入的文字）和段落文字（按住文字光标在页面中拖动，创建一个定界框后输入文字）。

点文字的文字行是独立的，即文字行的长度随文本的增加而变长，不会自动换行，因此，点文字对于输入一个字或一行字很有用。如果在输入点文字时需要换行，必须按Enter键。

若要输入点文字，操作步骤如下：

① 选择横排文字工具 T 或直排文字工具 T 。

② 用光标在图像页面中单击，为文字设置插入点。

③ 在工具选项条的"字符"面板和"段落"面板中设置文字选项。

④ 在光标后面输入所需要的文字，单击提交当前所有编辑按钮 ✓ 确认。

12.3.2 输入段落文字

段落文字与点文字最大的不同之处在于，当输入的文字长度到达段落定界框的边缘时，文字自动换行。因此，段落文字对于以一个或多个段落的形式输入文字并设置格式非常适用。

若要输入段落文字，操作步骤如下：

① 打开随书所附光盘中的文件"第12章\12.3.2 输入段落文字-素材.jpg"。

② 选择横排文字工具 T 或直排文字工具 T 。

③ 在页面中拖动光标，创建一个段落文字定界框，文字光标显示在定界框内，如图12.7所示。

④ 在工具选项条的"字符"面板和"段落"面板中设置文字选项。

⑤ 在文字光标后输入文字，如图12.8所示，单击"提交当前所有编辑"按钮 ✓ 确认。

图12.7 创建定界框

图12.8 输入文字

第一次创建的段落文字定界框未必完全符合要求，因此，在创建段落文字的过程中或创建段落文字后要对文字定界框进行编辑，用户可以像使用变换控制框那样，改变定界框的大小及角度。

12.4 设置文本的字符属性

若要设置字符属性，操作步骤如下：

① 在"图层"面板中双击要设置字符的文字图层缩览图，或利用相应的文字工具在图像上的文字中双击，以选择当前文字图层的所有文字。

② 单击工具选项条中的"切换字符和段落面板"按钮 📄，弹出如图12.9所示的"字符"面板。

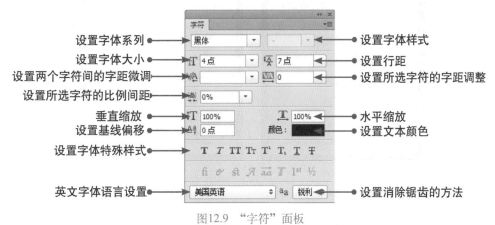

图12.9 "字符"面板

"字符"面板中的重要参数解释如下：

● 字体：单击此处，可在弹出的下拉列表中选择不同的字体。

● 字体样式：单击此处有两个选项，可以设置字体样式为"正常"和"斜体"。

- 字号：在此文本框中输入数值或在下拉列表中选择一个数值，可以设置文字的大小。
- 行间距：在此文本框中输入数值，或在下拉列表中选择一个数值，可以设置两行文字之间的距离，数值越大，间距越大。如图12.10所示是为同一段文字应用不同行间距后的效果。

图12.10 为段落设置不同行间距后的效果

- 垂直比例：在此文本框中输入百分比，可以调整字体垂直方向上的比例。
- 水平比例：在此文本框中输入百分比，可以调整字体水平方向上的比例。
- 比例间距：比例间距按指定的百分比值减少字符周围的空间。当向字符添加比例间距时，字符两侧的间距按相同的百分比减小。
- 字符微调：仅在文字光标插入文字中，字符微调参数才可被激活。在文本框中输入数值，或在下拉列表中选择一个数值，以设置光标距前一个字符的距离。
- 字间距：只有刷黑选中文字，此参数才可用。它控制所有选中文字的间距，数值越大，间距越大。如图12.11所示是设置不同字间距后的效果。

图12.11 设置不同字间距后的效果

- 基线调整：此参数仅用于设置选中文字的基线值，正数向上移，负数向下移。如图12.12所示是原文字和将文字"自然观邸 山水听心"的基线位置调整后的效果。

图12.12 调整基线位置后的效果

● 文字颜色：单击此颜色块，在弹出的拾色器对话框中可以设置字体的颜色。
● 字体特殊样式：单击其中的按钮，可以将选中的字体改变为此种形式显示。其中的按钮依次为粗体、斜体、全部大写、小型大写、上标、下标、下划线和删除线。全部大写、小型大写只对Roman字体有效。
● 抗锯齿方法：在此下拉列表中选择一种消除锯齿的方法，以设置文字的边缘光滑程度，通常情况下选择"平滑"。
③ 设置属性后，单击工具选项条中的"提交当前所有编辑"按钮 ✔ 确认。

12.5 设置文本的段落属性

在"段落"面板中主要是为大段的文本设置对齐方式和缩进等属性，其操作步骤如下：
① 选择相应的文字工具，在要设置段落属性的文字中单击以插入光标。如果要一次性设置多段文字的属性，用文字光标刷黑选中这些段落中的文字。
② 单击"字符"面板右侧的"段落"标签，弹出如图12.13所示的"段落"面板。

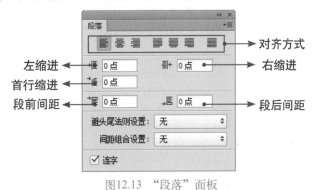

图12.13 "段落"面板

③ 设置好属性后，单击工具选项条中的"提交当前所有编辑"按钮 ✔ 确认。
"段落"面板中的重要参数解释如下：
● 对齐方式：单击其中的选项，光标所在的段落以相应的方式对齐。
● 左缩进值：设置当前段落的左侧相对于左定界框的缩进值。
● 右缩进值：设置当前段落的右侧相对于右定界框的缩进值。
● 首行缩进值：设置选中段落的首行相对其他行的缩进值。

- 段前间距：设置当前段与上一段的间距。
- 段后间距：设置当前段与下一段的间距。
- 避头尾法则：确定日语文字中的换行。不能出现在一行的开头或结尾的字符称为避头尾字符。
- 间距组合：确定日语文字中标点、符号、数字以及其他字符类别之间的间距。Photoshop 包括基于日本工业标准 (JIS) X 4051-1995 的几个预定义间距组合集。
- 连字：设置手动或自动断字，仅适用于 Roman 字符。

12.6 字符样式

在Photoshop CS6中，为了满足多元化的排版需求而加入了字符样式功能，它相当于对文字属性设置的一个集合，并能够统一、快速的应用于文本中，且便于进行统一编辑及修改。

要设置和编辑字符样式，首先要执行"窗口 | 字符样式"命令，显示"字符样式"面板，如图12.14所示。

图12.14 "字符样式"面板

12.6.1 创建字符样式

要创建字符样式，可以在"字符样式"面板中单击"创建新的字符样式"按钮 ，即可按照默认的参数创建一个字符样式，如图12.15所示。

图12.15 "字符样式"面板

若是在创建字符样式时，刷黑选中了文本内容，则会按照当前文本所设置的格式创建新的字符样式。

12.6.2 编辑字符样式

在创建了字符样式后，双击要编辑的字符样式，即可弹出如图12.16所示的对话框。

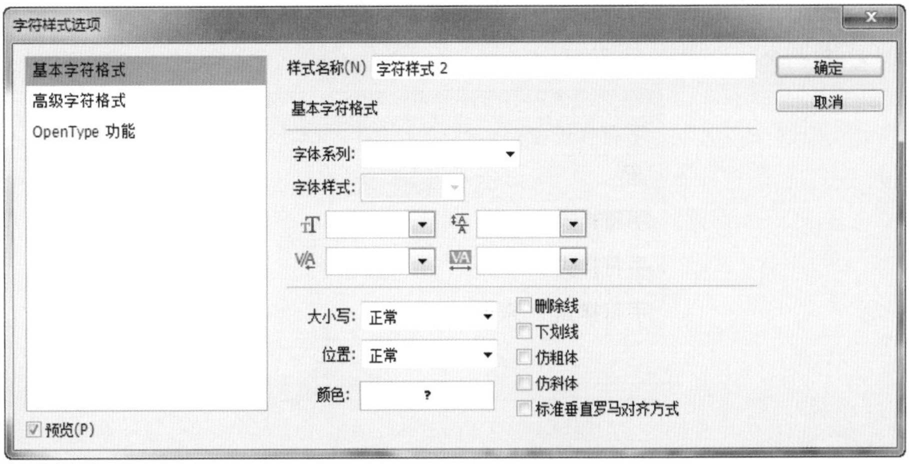

图12.16 "字符样式选项"对话框

在"字符样式选项"对话框中，在左侧分别可以选择"基本字符格式"、"高级字符格式"和"OpenType功能"这3个选项，然后在右侧的对话框中，可以设置不同的字符属性。

12.6.3 应用字符样式

当选中一个文字图层时，在"字符样式"面板中单击某个字符样式，即可为当前文字图层中所有的文本应用字符样式。

若是刷黑选中文本，则字符样式仅应用于选中的文本。

12.6.4 覆盖与重新定义字符样式

在创建字符样式以后，若当前选择的文本中，含有与当前所选字符样式不同的参数，则该样式上会显示一个"+"，如图12.17所示。

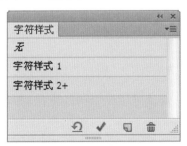

图12.17 "字符样式"面板

此时，单击"清除覆盖"按钮 ，则可以将当前字符样式所定义的属性应用于所选的文本中，并清除与字符样式不同的属性；若单击"通过合并覆盖重新定义字符样式"按钮 ，则可以依据当前所选文本的属性，将其更新至所选中的字符样式中。

12.6.5 复制字符样式

若要创建一个与某字符样式相似的新字符样式，则可以选中该字符样式，然后单击"字符样式"面板右上角的面板按钮 ，在弹出的菜单中选择"复制字符样式"命令，即可创建一个所选样式的副本，如图12.18所示。

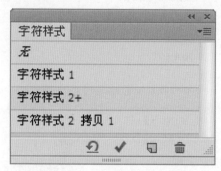

图12.18 "字符样式"面板

12.6.6 载入字符样式

若要调用某PSD格式文件中保存的字符样式，可以单击"字符样式"面板右上角的面板按钮 ，在弹出的菜单中选择"载入字符样式"命令，在弹出的对话框中选择包含要载入的字符样式的PSD文件即可。

12.6.7 删除字符样式

对于无用的字符样式，可以选中该样式，然后单击"字符样式"面板底部的"删除当前字符样式"按钮 ，在弹出的对话框中单击"是"按钮即可。

12.7 段落样式

在Photoshop CS6中，为了便于在处理多段文本时控制其属性而新增了段落样式功能，它包含了对字符及段落属性的设置。

要设置和编辑字符样式，首先要执行"窗口 | 段落样式"命令，以显示"段落样式"面板，如图12.19所示。

图12.19 "段落样式"面板

创建与编辑段落样式的方法，与前面讲解的创建与编辑字符样式的方法基本相同，在编辑段落样式的属性时，将弹出如图12.20所示的对话框，在左侧的列表中选择不同的选项，然后在右侧设置不同的参数即可。

图12.20 "段落样式选项"对话框

Tips 提示

当同时对文本应用字符样式与段落样式时，将优先应用字符样式中的属性。

12.8 转换文字属性

12.8.1 将文字转换为路径

执行"图层"|"文字"|"创建工作路径"命令，可以生成与文字外形相同的工作路径，且文字图层仍然存在。使用工作路径可以制作"填充"、"描边"等效果，如图12.21所示是将文字转换为路径后的效果及其对应的"路径"面板。

图12.21 将文字转换为路径后的效果及其对应的"路径"面板

12.8.2 将文字转换为形状

将文字转换为形状后，可以制作出各式各样的特效文字，尽情发挥创造力。要将文字转换为形状，比较快捷的方法是在文字图层的名称上右击，在弹出的菜单中选择"转换为形状"命令即可。

下面将以一个实例讲解结合路径编辑功能编辑文字形状的方法，其操作步骤如下：

① 打开随书所附光盘中的文件"第12章\12.8.2 将文字转换为形状-素材.psd"，如图12.22所示。

② 选择文字形状图层，用直接选择工具 框选"情"字的两个锚点，如图12.23所示。按住Shift键水平拖动锚点至与"迷"字的"走之旁"重合处，得到如图12.24所示的状态。

图12.22 素材图像   图12.23 框选锚点

图12.24 拖动效果

③ 使用直接选择工具 将"方"字选中,将其移动至横笔画形状与"迷"字的横笔画形状在同一水平位置,按照第 ② 步的方法移动"方"字的锚点,得到如图12.25所示的效果。用同样的方法移动并处理"东"字,得到如图12.26所示的效果。

图12.25 移动文字   图12.26 移动处理文字

④ 选择横排文字工具 ,在图中输入如图12.27所示的英文字母,用其做本例的变形文字笔画,在"文字"图层上单击鼠标右击,从弹出的快捷菜单中执行"转换为形状"命令。再利用直接选择工具 将其余的部分删除,只剩如图12.28所示的笔画。

图12.27 输入字母   图12.28 删除多余部分

⑤ 使用路径选择工具 将其移至"迷"字的左下方,如图12.29所示。单击直接选择工具 ,拖动其路径上方未闭合的节点,使其和"迷"字的"走之旁"连接,如图12.30所示。

图12.29 移动文字   图12.30 连接文字

⑥ 继续使用直接选择工具 ▲，拖动连接到"迷"字笔画下的控制句柄，直至得到如图
12.31所示的状态。

⑦ 选择形状图层"情迷东方"，使其为当前操作状态，使用直接选择工具 ▲ 将"迷"
字的"走之旁"左下方多出来的笔画删除，如图12.32所示。

图12.31 连接效果　　　　　　　　　图12.32 删除多余笔画

⑧ 使用钢笔工具 ▲ 绘制如图12.33所示的形状，"图层"面板的状态如图12.34所示。

图12.33 绘制形状　　　　　　　　　图12.34 "图层"面板

12.8.3 将文字转换为图像

文字图层具有不可编辑的特性，因此如果希望在文字图层中进行绘画或使用颜色调整
命令、滤镜命令对文字图层中的文字进行编辑，可以执行"图层"|"栅格化"|"文字"命
令，将文字图层转换为普通图层。

12.9 制作异形文字

12.9.1 沿路径绕排文字

文字绕排于路径之中是在设计中常用的手段，如图12.35展示的设计作品中均使用了此类手法。

图12.35 使用文字绕排路径的作品

以往如果需要制作文字沿路径绕排的效果，必须借助于Illustrator等矢量软件，但在Photoshop CS2及以上版本中，我们可以轻松地应用新增文字功能实现这一效果。

1. 制作文字绕排路径效果

下面以一款需增加文字绕排效果的宣传广告为例，讲解如何制作沿路径绕排的文字。

① 打开需要添加沿路径绕排的文字的广告图像，即随书所附光盘中的文件"第12章\12.9.1 沿路径绕排文字-素材.jpg"，如图12.36所示。

② 使用钢笔工具 沿着圆圈图像的弧度绘制一条如图12.37所示的路径。

图12.36 广告图像　　　　　　　　　图12.37 绘制曲线路径

③ 使用横排文字工具 T 在路径上单击，以插入文本光标（图12.38），输入需要的文字，如图12.39所示。

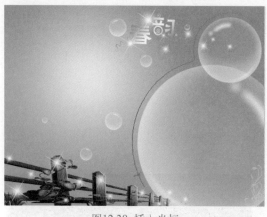

图12.38 插入光标　　　　　　　　　　　　图12.39 输入文字后的效果

④ 单击工具选项条中的"提交当前编辑"按钮 确认，得到的效果及"路径"面板如图12.40所示。

图12.40 最终效果及"路径"面板

2. 修改文字的属性

要修改绕排于路径上的文字，只需要在工具箱中选择横排文字工具 T ，将路径线上的文字刷黑选中，然后在"字符"面板修改其相应的属性即可。如图12.41所示为修改文字的字体与字号后的效果。

3. 修改路径的形状

通过修改路径的形状可以改变文字的绕排形状，修改路径形状的方法则可以参考前面在"路径"一节中学习过的知识与技巧。

如图12.42所示为通过修改节点的位置及路径线曲率后的文字绕排效果，可以看出文字的绕排形状已经随着路径形状的改变而发生了变化。

图12.41 修改字体与字号后的效果

图12.42 修改路径形状后的效果

4. 修改文字相对路径的位置

通过修改文字相对于路径的位置，可以为文字找到更好的绕排形状，并使绕排效果更加理想，要做到这一点，可以按照下面的步骤操作：

① 在工具箱中选择横排文字工具 **T**。

② 使用横排文字工具 **T** 在文字中单击，以插入一个文本光标输入点。

③ 按住Ctrl键，此时鼠标的光标变化为 ⬥ 形，用此光标拖动文本前面的如图12.43所示的文本位置点（白色圆圈中的小竖线标志），即可沿着路径移动文字，其效果如图12.44所示。

图12.43 插入文字光标及向下拖动光标

图12.44 移动后的效果

Tips 提示

如果在拖动的过程中将光标拖至路径线的另一侧，则可以使文字反向绕排于路径的另一侧，得到如图12.45所示的效果。

图12.45 反向绕排的效果

12.9.2 区域文字

在Photoshop中除了可以使文字沿路径进行绕排外，用户还可以为文字创建一个不规则的边框，从而制作具有异型轮廓的文字效果。

1.制作异型轮廓文字效果

这里通过一个实例来讲解在Photoshop中制作具有异型轮廓文字的具体步骤：

① 打开随书所附光盘中的文件"第12章\12.9.2 区域文字-素材.jpg"图像，如图12.46所示。

② 在工具箱中单击自定形状工具 ，选择心形形状，在画布的右侧位置绘制路径，如图12.47所示。

图12.46 素材图像

图12.47 绘制路径

③ 在工具箱中单击横排文字工具 ，（根据需要也可以选择其他文字工具），将工具光标置于步骤 ② 所绘制的路径中间，直至光标转换为 形状，如图12.48所示。

提示

如果选择的是直排文字工具 ，则光标应该是 形状。

④ 在路径中单击（不要单击路径线），得到一个文本插入点，如图12.49所示。

图12.48 摆放光标位置　　　　　　　　　　　图12.49 插入文本光标

⑤ 在插入光标的文本框中输入合适的文字，并设置需要的文字属性，输入完毕后，确认输入文字即可，得到的效果及"图层"面板如图12.50所示。

⑥ 执行上述步骤后，"路径"面板中将生成一条新的轮廓路径，其名称即为路径中的文字，如图12.51所示为最终效果及"路径"面板。

图12.50 输入文字后的效果及"图层"面板

图12.51 最终效果及"路径"面板

2. 修改异型轮廓文字效果

对于具有异型轮廓的文字，用户同样可以通过各种方法修改文字的各种属性，其中包括字号、字体、水平或垂直排列方式及其他文字属性。

除此之外，用户还可以通过修改路径的曲率、角度、节点的位置来修改被纳入路径中文字的轮廓形状。

如果通过修改路径的节点位置及控制句柄的方向改变了路径的形状，则排列于路径中的文字外形也将随之发生变化，如图12.52所示。

图12.52 修改路径后的文字效果

本章小节

本章主要讲解了在Photoshop中创建与编辑文字的操作方法。通过本章的学习，读者应熟练掌握在Photoshop中以多种方式获取文本、格式化对象的字符与段落属性、制作异形文本效果、路径绕排效果以及编辑文字形态等操作。尤其在处理较多的文本时，应能够熟练使用Photoshop CS6中新增的字符样式与段落样式功能，实现快速、便捷的格式化处理操作。

课后练习

一、选择题

1. 改变文本图层颜色的方法，错误的是（   ）。
A. 选中文本直接修改属性栏中的颜色
B. 对当前文本图层执行"色相/饱和度"命令
C. 使用调整图层
D. 使用"颜色叠加"图层样式

2. 要为文本应用段落、字符属性，可以使用（　　）。

A. 字符样式　　　B. 段落样式　　　C. 对象样式　　　D. 文字样式

3 为字符设置"基线偏移"的作用是（　　）。

A. 调节段落前后的位置　　　　　C. 调节字符的上下位置

B. 调节字符的左右位置　　　　　D. 调节字符在各方向上的位置

4. 对于文本，下列操作不能实现的是（　　）。

A. 为个别字符应用不同的色彩

B. 为文本设置字号

C. 为文本设置渐变填充

D. 为个别字符设置不同大小

5. 文字图层中的文字信息哪些可以进行修改和编辑？（　　）

A. 文字颜色　　　　　　　　　C. 文字大小

B. 文字内容，如加字或减字　　　D. 将文字图层转换为像素图层后可以改变文字的排列方式

6. Photoshop6中文字的属性可以分为哪两部分？（　　）

A. 字符　　　B. 段落　　　C. 区域　　　D. 路径

7. 要将文字图层栅格化，可以（　　）。

A. 在文字图层上单击右键，在弹出的菜单中选择"栅格化文字"命令

B. 执行"图层｜栅格化文字图层"命令

C. 按住Alt键双击文字图层的名称

D. 按住Alt键双击文字图层的缩览图

8. Photoshop中将文字转换为形状的方法是（　　）。

A. "文字—转换为形状"命令

B. 按Ctrl+Shift+O键

C. 在要转的文字图层上单击右键，在弹出的菜单中选择"转换为形状"命令

D. 按Alt+Shift+O键

二、填空题

1. 在文本输入状态下，按（　　）键可以显示"字符"面板；按（　　）键可以显示"段落"面板。

2. 通过创建（　　），使用户可以在开放或闭合的路径上输入文字。

3. 要在横排与直排文字之间进行转换，可以单击其工具选项条中的（　　）按钮。

三、判断题

1. 对文字执行"加粗"操作后仍能对文字图层应用图层样式。（　　）

2. 将文字转换为路径后，仍然会保留文字图层，并可以为其设置字符、段落属性。（　　）

3. 使用字符样式可以字义少量的段落属性，但比段落样式要少得多。（　　）

4. 若是在创建字符样式时，刷黑选中了文本内容，则会按照当前文本所设置的格式创建新的字符样式。（　　）

5. 在将文字转换为形状后，可以使用钢笔工具 ✐、直接选择工具 ▸ 或路径选择工具 ▸ 对其进行选择和编辑。（　　）

四、上机操作题

1. 打开随书所附光盘中的文件"第12章\习题1-素材.psd"（图12.53），在其中输入文字并设置适当的文字属性及图层样式，得到如图12.54所示的效果。

图12.53 素材图像　　　　　　　　　　图12.54 输入文字

2. 打开随书所附光盘中的文件"第12章\习题2-素材.psd"，如图12.55所示。输入段落文本并将其格式化为类似图12.56所示的状态。

图12.55 素材图像　　　　　　　　　　图12.56 输入文字

3. 使用上一步中输入并格式化的文字，在其中为部分文字进行特殊属性，直至得到如图12.57所示的效果。

图12.57 特殊属性效果

第13章

特殊滤镜应用详解

Photoshop提供了多达上百种滤镜，而每一种滤镜都代表了一种完全不同的图像效果。可以说，这些滤镜如同一个庞大的图像特效库。本章将对Photoshop中常见的几种滤镜功能及处理得到的图像效果进行详细讲解。

13.1 滤镜库

　　"滤镜库"是一个优秀的功能，此功能改变了以往一次仅能够对图像应用一个滤镜的状态，取而代之的是我们可以对图像累积应用滤镜，也可以在一次操作中重复使用某一个滤镜多次，在累积使用不同的滤镜时，还可以根据需要重新排列这些滤镜的应用顺序，以尝试不同的应用效果。

　　执行"滤镜"|"滤镜库"命令后，即可弹出"滤镜库"对话框，如图13.1所示。

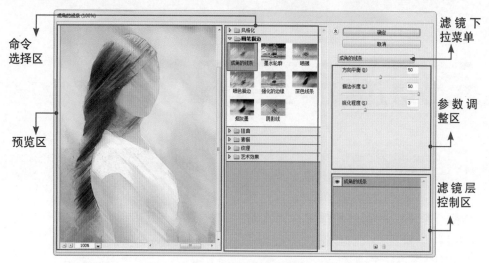

图13.1 "滤镜库"对话框

13.1.1 添加滤镜层

　　要添加滤镜层，可以在参数调整区的下方单击"新建效果图层"按钮 ，此时所添加的新滤镜层将延续上一个滤镜层的命令及参数。此时可以根据需要执行以下操作：

- 如果需要使用同一滤镜命令，以增加该滤镜的效果，则无需改变此设置，通过调整新滤镜层上的参数，即可得到满意的效果。
- 如果需要叠加不同的滤镜命令，可以选择该新增的滤镜层，在命令选区中选择一个新的滤镜命令，此时参数调整区域中的参数将同时发生变化，调整这些参数，即可得到满意的效果。
- 如果使用两个滤镜层仍然无法得到满意的效果，可以按同样的方法再新增滤镜层并修改命令或参数，直至得到满意的效果。

　　如果尝试查看在某些滤镜层未添加时的图像效果，可以单击该滤镜层左侧的眼睛图标 ，将其隐藏起来。

　　对于不再需要的滤镜层，可以将其删除，要删除这些图层，可以通过单击将其选中，然后单击"删除效果图层"按钮 即可。

13.1.2 滤镜层的相关操作

与操作普通的图层一样，用户可以在"滤镜库"对话框中复制、删除或隐藏这些滤镜效果图层，从而将这些滤镜命令得到的效果叠加起来，得到更加丰富的效果，下面来分别讲解与滤镜层相关的操作。

1. 重排滤镜顺序

滤镜效果是按照它们的选择顺序应用的，在应用滤镜之后，可通过在已应用的滤镜列表中将滤镜名称拖动到另一个位置来重新排列它们。重新排列滤镜效果，可显著改变图像的外观。

如图13.2所示为改变前的滤镜顺序，如图13.3所示为改变后的滤镜顺序。

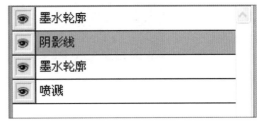

图13.2 改变前的滤镜顺序　　　　　　　图13.3 改变后的滤镜顺序

2. 隐藏滤镜

单击滤镜旁边的眼睛图标，可以屏蔽该滤镜，从而在预览图像中隐藏此滤镜产生的效果。

3. 删除滤镜

可以通过选择滤镜并单击"删除效果图层"按钮来删除已应用的滤镜。

4. 更改滤镜预览区域的显示

若要更改滤镜预览区域的显示，可执行下列操作之一：
- 单击预览区域下的+或-按钮放大或缩小图像。
- 单击缩放栏 100% （显示缩放百分比的位置）以选取缩放百分比。
- 单击该对话框顶部的"显示/隐藏"按钮以隐藏滤镜缩览图。
- 隐藏缩览图可展开预览区域。
- 使用抓手工具在预览区域中拖动可查看图像的其他区域。

13.2 "液化"滤镜

利用"液化"命令，可以通过交互方式推、拉、旋转、反射、折叠和膨胀图像的任意区域，使图像变换成所需要的艺术效果。对图像进行"液化"操作的步骤如下：

① 打开需要处理的素材，执行"滤镜"|"液化"命令，弹出如图13.4所示的对话框。

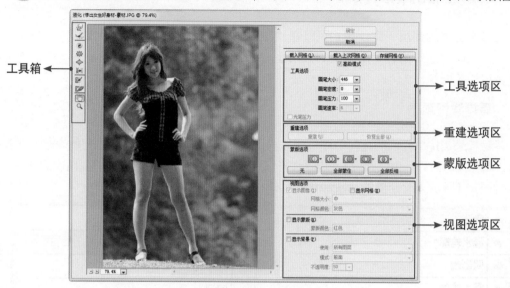

图13.4 "液化"对话框

Tips 提示

"液化"命令只适用于 RGB 颜色模式、CMYK 颜色模式、Lab 颜色模式和灰度图像模式的 8 位图像。

② 在"液化"对话框中利用相应的工具操作，并在对话框右侧的"工具选项"区域设置操作工具的参数和选项。

③ 在"液化"对话框右侧"重建选项"区域设置"液化"图像的参数。

④ 在"液化"对话框右侧"蒙版选项"区域设置不允许操作的区域。

⑤ 在"液化"对话框右侧"视图选项"区域设置操作时图像的显示状态。

⑥ 利用"液化"对话框中的工具操作图像后，单击"确定"按钮，即可使图像发生改变。

下面将按照如图13.4所示的标示，详细讲解各区域中的参数含义。

13.2.1 工具箱

● 向前变形工具 ：在图像上拖动，可以使图像的像素随着涂抹产生变形。

● 重建工具 ：扭曲预览图像之后，使用重建工具 可以完全或部分地恢复更改。

● 顺时针旋转扭曲工具 ：使图像产生顺时针旋转效果。

● 褶皱工具 ：使图像向操作中心点处收缩，从而产生挤压效果。

● 膨胀工具 ：使图像背离操作中心点，从而产生膨胀效果。

● 左推工具 ：移动与描边方向垂直的像素。直接拖动使像素向左移，按住Alt键拖动将使像素向右移。

● 镜像工具 ：将像素拷贝至画笔区域，然后向与拖动方向相反的方向复制像素。

● 湍流工具 ：能平滑地拼凑像素，适合于创建火焰、云彩、波浪等效果。

- 冻结蒙版工具 ：用此工具拖过的范围被保护，以免被进一步编辑。
- 解冻蒙版工具 ：解除使用"冻结蒙版工具" 所冻结的区域，使其还原为可编辑状态。
- 缩放工具 ：在预览图像中单击或拖动，可以放大预览图；按住Alt键在预览图像中单击或拖动，将缩小预览图。
- 抓手工具 ：通过拖动可以显示出未在预览窗口中显示出来的图像。

13.2.2 工具选项区

工具选项区中的重要参数解释如下：
- 画笔大小：设置使用上述各工具操作时，图像受影响区域的大小。
- 画笔压力：设置使用上述各工具操作时，一次操作影响图像的程度大小。
- 湍流抖动：控制湍流工具拼凑像素的紧密程度。
- 光笔压力：使用光笔绘图板中的压力读数。

13.2.3 重建选项区

重建选项区中的重要参数解释如下：
- 模式：在此下拉列表中选择一种重建模式。
- 重建：要将所有未冻结区域改回它们在打开"液化"对话框时的状态，从"重建选项"区域的"模式"下拉列表中选择"恢复"选项，并单击"重建"按钮。
- 恢复全部：要将整个预览图像改回打开对话框时的状态，在对话框的"重建选项"区域单击"恢复"按钮。

13.2.4 蒙版选项区

蒙版选项区中的重要参数解释如下：
- 蒙版运算：在此列出了5种蒙版运算模式，其中包括"替换选区" 、"添加到选区" 、"从选区中减去" 、"与选区交叉" 及"反相选区" 。
- 无：单击该按钮，可以取消当前所有的冻结状态。
- 全部蒙住：单击该按钮，可以将当前图像全部冻结。
- 全部反相：单击该按钮，可以冻结与当前所选相反的区域。

13.2.5 视图选项区

- 显示网格：选择此复选框，在对话框预览窗口中显示辅助操作的网格。
- 显示图像：选择此复选框，在对话框预览窗口中显示当前操作的图像。
- 网格大小：在此定义网格的大小。
- 网格颜色：在此定义网格的颜色。

- 蒙版颜色：在选择"显示蒙版"选项后，可以在此定义图像冻结区域显示的颜色。
- 显示背景：在此定义背景的显示方式。
- 不透明度：在此定义背景的不透明度显示。

在使用"液化"滤镜对图像进行变形时，可以通过对话框右上角的"存储网格"命令将当前对图像的修改存储为一个文件，当需要时可以单击"载入网格"按钮将其重新载入，以便进行再次编辑。

 提示

存储网格后，必须保证当前图像的尺寸不变，否则载入网格后，将无法按照原来的位置进行图像液化处理。

如图13.5所示是原图及应用"液化"命令后得到的效果。

图13.5 原图及应用"液化"命令后得到的效果

13.3 "镜头校正"滤镜

"镜头校正"滤镜的功能非常强大，它可以用于校正数码照片的各种问题，如畸变、色差及暗角等，这对于使用数码相机的摄影师而言，无疑是极为有利的。

执行"滤镜"|"镜头校正"命令，则弹出如图13.6所示的对话框。

图13.6 "镜头校正"对话框

下面分别介绍对话框中各个区域的功能：

13.3.1 工具区

工具区显示了用于对图像进行查看和编辑的工具，下面分别讲解各工具的功能。

● 扭曲工具▣：使用该工具在图像中拖动，可以校正图像的凸起或凹陷状态。

● 角度工具◢：使用该工具在图像中拖动，可以校正图像的旋转角度。

● 移动网格工具✋：使用该工具可以拖动"图像编辑区"中的网格，使其与图像对齐。

● 抓手工具✋：使用该工具在图像中拖动，可以查看未完全显示出来的图像。

● 缩放工具🔍：使用该工具在图像中单击，可以放大图像的显示比例，按住Alt键在图像中单击即可缩小图像显示比例。

13.3.2 图像编辑区

该区域用于显示被编辑的图像，还可以即时的预览编辑图像后的效果。单击该区域左下角的▬按钮可以缩小显示比例，单击➕按钮可以放大显示比例。

13.3.3 原始参数区

此处显示了当前照片的相机及镜头等基本参数。

13.3.4 显示控制区

在该区域可以对"图像编辑区"中的显示情况进行控制。下面分别对其中的参数进行讲解：

● 预览：选择该选项后，可在"图像编辑区"中实时观看到调整图像后的效果，否则将一直显示原图像的效果。

● 显示网格：选择该选项则在"图像编辑区"中显示网格，以精确地对图像进行调整。

● 大小：在此输入数值可以控制"图像编辑区"中显示的网格大小。

● 颜色：单击该色块，在弹出的"拾色器"对话框中选择一种颜色，即可重新定义网格的颜色，如图13.7所示。

图13.7 显示灰色的网格

13.3.5 参数设置区

1.自动校正

选择"自动校正"选项卡，可以使用此命令内置的相机、镜头等数据做智能校正。下面分别对其中的参数进行讲解。

● 几何扭曲：选中此选项后，可依据所选的相机及镜头，自动校正桶形或枕形畸变。

● 色差：选中此选项后，可依据所选的相机及镜头，自动校正可能产生的紫、青、蓝等不同的颜色杂边。

● 晕影：选中此选项后，可依据所选的相机及镜头，自动校正在照片周围产生的暗角。

● 自动缩放图像：选中此选项后，在校正畸变时，将自动对图像进行裁剪，以避免边缘出现镂空或杂点等。

● 边缘：当图像由于旋转或凹陷等原因出现位置偏差时，在此可以选择这些偏差的位置如何显示，其中包括"边缘扩展"、"透明度"、"黑色"和"白色"4个选项。

- 相机制造商：此处列举了一些常见的相机生产商供选择，如Nikon（尼康）、Canon（佳能）以及SONY（索尼）等。
- 相机/镜头型号：此处列举了很多主流相机及镜头供选择。
- 镜头配置文件：此出列出了符合上面所选相机及镜头型号的配置文件供选择，选择好以后，就可以根据相机及镜头的特性，自动进行几何扭曲、色差及晕影等方面的校正。

2. 自定校正

如果选择"自定"选项卡，在此区域提供了大量用于调整图像的参数，可以手动进行调整。下面分别对其中的参数进行讲解：

- 设置：在该下拉菜单中可以选择预设的镜头校正调整参数。单击该下拉菜单后面的管理设置按钮▾≡，在弹出的菜单中可以执行存储、载入和删除预设等操作。

提示：只有自定义的预设才可以被删除。

- 移去扭曲：在此输入数值或拖动滑块，可以校正图像的凸起或凹陷状态，其功能与扭曲工具▣相同，但更容易进行精确地控制。
- 修复红/青边：在此输入数值或拖动滑块，可以去除照片中的红色或青色色痕。
- 修复绿/洋红边：在此输入数值或拖动滑块，可以去除照片中的绿色或洋红色痕。
- 修复蓝/黄边：在此输入数值或拖动滑块，可以去除照片中的蓝色或黄色色痕。
- 数量：在此输入数值或拖动滑块，可以减暗或提亮照片边缘的晕影，使之恢复正常。以图13.8所示的原图像为例，图13.9所示是修复暗角晕影后的效果。

图13.8 素材图像　　　　　　　图13.9 修复暗角后的效果

- 中点：在此输入数值或拖动滑块，可以控制晕影中心的大小。
- 垂直透视：在此输入数值或拖动滑块，可以校正图像的垂直透视。
- 水平透视：在此输入数值或拖动滑块，可以校正图像的水平透视。
- 角度：在此输入数值或拖动表盘中的指针，可以校正图像的旋转角度，其功能与角度工具△相同，但更容易进行精确地控制。
- 比例：在此输入数值或拖动滑块，可以对图像进行缩小和放大。需要注意的是，当对图像进行晕影参数设置时，最好调整参数后单击"确定"退出对话框，然后再次应用该命令对图像大小进行调整，以免出现晕影校正的偏差。

13.4 "油画"滤镜

　　"油画"滤镜是Photoshop CS6中新增的功能，使用它可以快速、逼真地处理出油画的效果。以图13.10所示的图像为例，选择"滤镜｜油画"命令，在弹出对话框中可以设置其参数，如图13.11所示。

图13.10 素材图像　　　　　　　　　　　图13.11 "油画"对话框中的参数

- 样式化：此参数用于控制油画纹理的圆滑程度。数值越大，则油画的纹理显得更平滑。
- 清洁度：此参数用于控制油画效果表面的干净程序，数值越大，则画面越显干净，反之，数值越小，则画面中的黑色会变深，整体显得笔触较重。
- 缩放：此参数用于控制油画纹理的缩放比例。
- 硬行刷细节：此参数用于控制笔触的轻重。数值越小，则纹理的立体感就越小。
- 角方向：此参数用于控制光照的方向，从而使画面呈现出光线从不同方向进行照射时的立体感。
- 闪亮：此参数用于控制光照的强度。此数值越大，则光照的效果越强，得到的立体感效果也越强。

图13.12所示是设置适当的参数后，处理得到的油画效果。

图13.12 使用"油画"滤镜处理后的效果

13.5 自适应广角

在Photoshop CS6中，新增了专用于校正广角透视及变形问题的功能，即"自适应广角"命令，使用它可以自动读取照片的EXIF数据，并进行校正，也可以根据使用的镜头类型（如广角、鱼眼等）来选择不同的校正选项，配合约束工具 和多边形约束工具 的使用，达到校正透视变形问题的目的。

执行"滤镜｜自适应广角"命令，将弹出如图13.13所示的对话框。

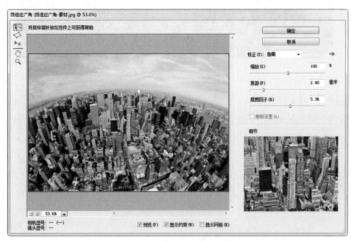

图13.13 "自适应广角"对话框

● 对话框按钮 ：单击此按钮，在弹出的菜单中选择可以设置"自适应广角"命令的"首选项"，也可以"载入约束"或"存储约束"。

● 校正：在此下拉菜单中，可以选择不同的校正选项，其中包括了"鱼眼"、"透视"、"自动"以及"完整球面"等4个选项，选择不同的选项时，下面的可调整参数也会不同。

● 缩放：此参数用于控制当前图像的大小。当校正透视后，会在图像周围形成不同大小范围的透视区域，此时就可以通过调整"缩放"参数，来裁剪掉透视区域。

● 焦距：在此可以设置当前照片在拍摄时所使用的镜头焦距。

● 裁剪因子：在此处可以调整照片裁剪的范围。

● 细节：在此区域中，将放大显示当前光标所在的位置，以便于进行精细调整。

除了右侧基本的参数设置外，还可以使用约束工具 和多边形约束工具 针对画面的变形区域进行精细调整，前者可绘制曲线约束线条进行校正，适用于校正水平或垂直线条的变形，后者可以绘制多边形约束线条进行校正，适用于具有规则形态的对象。

下面以约束工具 为例，讲解其使用方法：

① 打开随书所附光盘中的文件"第13章\13.5 自适应广角-素材.jpg"，如图13.14所示。在本例中，将使用"自适应广角"命令校正由鱼眼镜头产生的畸变。

图13.14 素材图像

② 执行"滤镜 | 自适应广角"命令，在弹出的对话框中选择"校正"选项为"鱼眼"，此时Photoshop会自动读取当前照片的"焦距"参数（10.5mm）。

③ 在对话框左侧选择约束工具 ，在海平面的左侧单击以添加一个锚点，如图13.15所示。

图13.15 绘制第一个锚点

④ 将光标移至海平面的右侧位置，再次单击，此时Photoshop会自动根据所设置的"校正"及"焦距"，生成一个用于校正的弯曲线条，如图13.16所示。

图13.16 移至第2个锚点的位置

⑤ 单击添加第2个点后，Photoshop会自动对图像的变形进行校正，并出现一个变形控制圆，如图13.17所示。

图13.17 自动校正后的结果

⑥ 拖动圆心位置，可以对画面的变形进行调整。

⑦ 拖动圆形左右的控制点，可以调整线条的方向。

⑧ 调整"缩放"数值，以裁剪掉画面边缘的透明区域，并使用移动工具 ![移动] 调整图像的位置，直至得到如图13.18所示的效果。

⑨ 设置完毕后，单击"确定"按钮即可。图13.19所示是裁剪后的整体效果。

图13.18 调整"缩放"参数后的效果

图13.19 裁剪后的整体效果

13.6 场景模糊

在Photoshop CS6中新增的"滤镜"|"模糊"|"场景模糊"命令中，可以通过编辑模糊图钉，为画面增加模糊效果，通过适当的设置，还可以获得漂亮的光斑效果。

在选择"场景模糊"滤镜后，工作界面会发生很大的变化，其中，工具选项栏将变为如图13.20所示的状态，并在右侧弹出"模糊工具"和"模糊效果"面板，如图13.21所示。

图13.20 工具选项栏

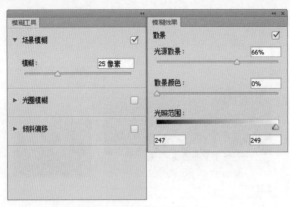

图13.21 "模糊效果"面板

模糊工具选项栏中参数的解释如下：

● 选区出血：应用"场景模糊"滤镜前绘制了选区，则可以在此设置选区周围模糊效果的过渡。

● 聚焦：此参数可控制选区内图像的模糊量。

● 将蒙版存储到通道：选中此复选框，将在应用"场景模糊"滤镜后，根据当前的模糊范围，创建一个相应的通道。

● 高品质：选中此复选框时，将生成更高品质、更逼真的散景效果。

● 移去所有"图钉"按钮 🔄：单击此按钮，可清除当前图像中所有的模糊图钉。

"模糊效果"面板中的参数解释如下：

● 光源散景：调整此数值，可以调整模糊范围中，圆形光斑形成的强度。

● 散景颜色：调整此数值，可以改变圆形光斑的色彩。

● 光照范围：调整此参数下的黑、白滑块，或在底部输入数值，可以控制生成圆形光斑的亮度范围。

将光标置于模糊图钉的半透明白条位置，此时光标变为 状态，按住鼠标左键拖动该半透明白条，即可调整"场景模糊"滤镜的模糊数值，如图13.22所示。当光标状态为 时，单击即可添加新的图钉。

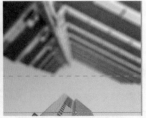

(a) 摆放光标的位置　　　(b) 拖动调整模糊强度

图13.22 调整数值

下面将利用"场景模糊"滤镜来制作逼真的光斑效果。

① 打开随书所附光盘中的文件"第13章\13.6 场景模糊-素材.jpg"，如图13.23所示。

② 执行"滤镜"|"模糊"|"场景模糊"命令，然后在工具选项栏上选中"高品质"选项。

③ 分别在"模糊工具"和"模糊效果"面板中设置参数，如图13.24所示。

图13.23 素材图像

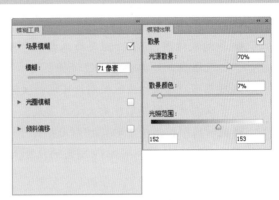

图13.24 设置参数

④ 单击工具选项栏上的"确定"按钮退出模糊编辑状态，得到如图13.25所示的效果。图13.26所示是调整照片亮度及对比度属性后的效果。

图13.25 模糊效果

图13.26 调整后的效果

13.7 光圈模糊

"光圈模糊"滤镜可用于限制一定范围的塑造模糊效果，以图13.27所示的图像为例，图13.28所示是执行"滤镜｜模糊｜光圈模糊"命令后的调出的光圈模糊图钉。

图13.27 素材图像

图13.28 光圈模糊图钉

● 拖动模糊图钉中心的位置，可以调整模糊的位置。

● 拖动模糊图钉周围的4个白色圆点，可以调整模糊渐隐的范围。若按住Alt键拖动某个白色圆点，可单独其渐隐范围。

● 模糊图钉外围的圆形控制框可调整模糊的整体范围，拖动该控制框上的4个控制句柄，可以调整圆形控制框的大小及角度。

● 拖动圆形控制框上的控制句柄，可以等比例绽放圆形控制框，以调整其模糊范围。

图13.29所示是编辑各个控制句柄及相关模糊参数后的状态，图13.30所示是确认模糊后的效果。

图13.29 调整各控制句柄及参数时的状态　　　　图13.30 最终效果

13.8 倾斜偏移

在Photoshop CS6中，使用新增的"倾斜偏移"滤镜，可用于模拟移轴镜头拍摄出的改变画面景深的效果。下面将以一个简单的实例来讲解其使用方法。

① 打开随书所附光盘中的文件"第13章\13.8 倾斜偏移-素材.jpg"，如图13.31所示。

② 执行"滤镜│模糊│倾斜偏移"命令，将在图像上显示如图13.32所示的模糊控制线，并显示"模糊效果"和"模糊工具"面板。

③ 拖动中间的模糊图钉，可以改变模糊的位置，如图13.33所示。

图13.31 原图像　　　　图13.32 显示模糊控制线时的状态　　　　图13.33 调整模糊位置

④ 拖动上下的实线型模糊控制线，可以改变模糊的范围，如图13.34所示。

⑤ 拖动上下的虚线型模糊控制线，可以改变模糊的渐隐强度，如图13.35所示。

⑥ 在"模糊效果"和"模糊工具"面板中，可以调整更多的模糊属性。设置完成后，单击工具选项条上的"确定"按钮即可，如图13.36所示。

图13.34 调整模糊的范围　　　　图13.35 调整模糊的渐隐　　　　图13.36 调整后的效果

13.9 智能滤镜

13.9.1 添加智能滤镜

若要添加智能滤镜，操作方法如下：

① 选择要应用智能滤镜的智能对象图层，在"滤镜"菜单中选择要应用的滤镜命令，并设置适当的参数。

② 设置完毕后，单击"确定"按钮关闭对话框，生成一个对应的智能滤镜图层。

③ 如果要继续添加多个智能滤镜，可以重复步骤①、步骤②的操作，直至得到满意的效果。

Tips 提示

如果选择的是没有参数的滤镜（如"查找边缘"、"云彩"等），则直接对智能对象图层中的图像进行处理，并创建对应的智能滤镜图层。

如图13.37所示为原图像及对应的"图层"面板，如图13.38所示为在"滤镜库"对话框中选择了"粗糙蜡笔"滤镜并调整适当参数后的效果。此时可以看到，在原智能对象图层的下方多了一个智能滤镜图层。

可以看出，智能对象图层主要是由智能蒙版以及智能滤镜列表构成的。其中，智能蒙版主要用于隐藏智能滤镜对图像的处理效果，而智能滤镜列表则显示了当前智能滤镜图层中所应用的滤镜名称。

图13.37 原图像及对应的"图层"面板

图13.38 应用滤镜处理后的效果及对应的"图层"面板

13.9.2 编辑智能蒙版

　　智能蒙版的使用方法和效果与普通蒙版十分相似，可以用来隐藏滤镜处理图像后的图像效果，同样是使用黑色来隐藏图像，使用白色来显示图像，而灰色则产生一定的透明效果。

　　如图13.39所示是在智能蒙版中绘制黑白渐变后得到的图像效果及对应的"图层"面板。可以看出，左上方的黑色区域导致该智能滤镜的效果完全隐藏，并一直过渡到对应的白色区域。

　　如果要删除智能蒙版，可以直接在蒙版缩览图或智能滤镜的名称上右击，在弹出的菜单中选择"删除滤镜蒙版"命令（图13.40），或执行"图层"|"智能滤镜"|"删除滤镜蒙版"命令。

　　在删除智能蒙版后，如果要重新添加智能蒙版，则必须在智能滤镜的名称上右击，在弹出的快捷菜单中选择"添加滤镜蒙版"命令（图13.41），或执行"图层"|"智能滤镜"|"添加滤镜蒙版"命令。

图13.39 图像效果及对应的"图层"面板

图13.40 选择"删除
滤镜蒙版"命令

图13.41 选择"添加
滤镜蒙版"命令

13.9.3 编辑智能滤镜

智能滤镜的一个优点在于可以反复编辑所应用的滤镜参数，直接在"图层"面板中双击要修改参数的滤镜名称即可进行编辑。如图13.42所示是修改了"晶格化"滤镜参数前后的图像效果对比。

图13.42 修改"晶格化"滤镜参数前后的效果对比

13.9.4 编辑智能滤镜混合选项

与图层的混合模式相同，通过编辑智能滤镜的混合选项，可以让滤镜生成的效果与原图像进行混合。要编辑智能滤镜的混合选项，可以双击智能滤镜名称后面的 ![icon] 图标，弹出如图13.43所示的对话框。

如图13.44所示为原图像的效果，如图13.45所示是将其中的智能滤镜混合选项设置为"线性加深"得到的效果。

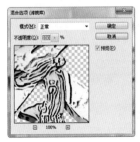 

图13.43 "混合选项"对话框　　　　　　图13.44 原图像

图13.45 设置混合模式为"线性加深"后的效果

13.9.5 停用/启用智能滤镜

停用或启用智能滤镜可以分为两种操作，即对所有的智能滤镜操作和对单独某个智能滤镜操作。

要停用所有智能滤镜，在所属的智能对象图层最右侧的图标上右击，在弹出的快捷菜单中选择"停用智能滤镜"命令，即可隐藏所有智能滤镜生成的图像效果；再次在该位置右击，在弹出的快捷菜单中选择"启用智能滤镜"命令，即可显示所有智能滤镜生成的图像效果。

较为便捷的操作是直接单击智能蒙版前面的 图标，同样可以显示或隐藏全部的智能滤镜。

如果要停用或启用单个智能滤镜，同样可以参照上面的方法进行操作，只不过需要在要停用或启用的智能滤镜名称上进行操作。

13.9.6 更换智能滤镜

要更换智能滤镜，首先需要确认该滤镜位于"滤镜库"中，否则将无法完成更换智能滤镜的操作。

双击要更换的滤镜名称，弹出对应的对话框。在"滤镜库"的滤镜选择区中选择一个新的滤镜命令。设置适当的参数后，单击"确定"按钮关闭对话框，即可完成更换智能滤镜的操作。

如图13.46是使用"海报边缘"滤镜后的效果及"图层"面板。图13.47是用"干画笔"滤镜后的效果及"图层"面板。

图13.46 使用"海报边缘"滤镜后的效果及"图层"面板

图13.47 使用"干画笔"滤镜后的效果及"图层"面板

13.9.7 删除智能滤镜

对智能滤镜同样可以进行删除操作，直接在该滤镜名称上右击，在弹出的菜单中选择"删除智能滤镜"命令，或者直接将要删除的滤镜图层拖动至"图层"面板底部的"删除图层"按钮 🗑 上。

如果要清除所有的智能滤镜，可以在智能滤镜（即智能蒙版后的名称）上右击，在弹出的菜单中选择"清除智能滤镜"命令，或者执行"图层"|"智能滤镜"|"清除智能滤镜"命令。

本章小节

本章主要讲解了Photoshop中的滤镜与智能滤镜功能。通过本章的学习，读者应熟练使用常用的滤镜功能，以制作油画、校正广角、模糊及变形等常见处理。另外，读者还应该对智能滤镜功能有一个较深入的了解，以便在工作过程中使用智能滤镜功能方便、快速地进行各种特效处理。

课后练习

一、选择题

1. 如果一张照片的扫描结果不够清晰，可用下列哪种滤镜弥补？（　　）
A. 中间值　　　B. 风格化　　　C. USM锐化　　　D. 去斑
2. "液化"滤镜的快捷键是（　　）。
A. Ctrl+X　　　B. Ctrl+Alt+X　　　C. Ctrl+Shift+X　　　D. Ctrl+Alt+shift+X

3. 在使用相机的广角端拍摄照片时，常会出现透视变形问题，下列可以校正该问题的是（　　）。

A. 液化　　B. 自适应广角　　C. 扭曲　　D. 场景模糊

4. 关于文字图层执行滤镜效果的操作，下列哪些描述是正确的？（　　）

A. 首先执行"图层｜栅格化｜文字"命令，然后选择任何一个滤镜命令

B. 直接选择一个滤镜命令，在弹出的栅格化提示框中单击"是"按钮

C. 必须确认文字图层和其他图层没有链接，然后才可以选择滤镜命令

D. 必须使得这些文字变成选择状态，然后选择一个滤镜命令

5. 下列关于滤镜库的说法中正确的有（　　）。

A. 在滤镜库中可以使用多个滤镜，并产生重叠效果，但不能重复使用单个滤镜多次

B. 在滤镜库对话框中，可以使用多个滤镜重叠效果，改变这些效果图层的顺序，重叠得到的效果不会发生改变

C. 使用滤镜库后，可以按Ctrl+F键重复应用滤镜库中的滤镜

D. 在滤镜库对话框中，可以使用多个滤镜重叠效果，当该效果层前的眼睛图标 消失，单击"确定"按钮，该效果将不进行应用

6. 要为文字图层应用滤镜命令，下列说法中错误的是（　　）。

A. 先选择"图层｜栅格化｜文字"命令，然后应用滤镜

B. 直接选择一个滤镜命令，在弹出的栅格化提示框中单击"确定"按钮

C. 先确认文字图层和其他图层没有链接，然后再选择滤镜命令

D. 先将文字转换为形状，然后再应用滤镜

二、填空题

1. 可以模拟移轴镜头拍摄效果的滤镜是（　　）。

2. 使用（　　）滤镜可以模拟出油画效果。

3. 在"液化"滤镜中，使用（　　）工具可以产生挤压效果，即图像向操作中心点处收缩的效果。

三、判断题

1. RGB模式下所有的滤镜都可以使用，索引模式下所有的滤镜都不可以使用。（　　）

2. 对智能对象图层应用任意滤镜时，都会产生相应的滤镜层。（　　）

3. 可以为智能对象图层设置不透明度与混合模式属性。（　　）

4. "自适应广角"滤镜仅可以校正由鱼眼镜头拍摄的照片。（　　）

5. 使用"液化"滤镜可以对图像进行位移、膨胀等处理。（　　）

四、上机操作题

1. 打开随书所附光盘中的文件"第13章\习题1-素材.jpg"，如图13.48所示。使用"光圈模糊"滤镜处理得到如图13.49所示的效果。

图13.48 素材图像　　　　　　　　　　　图13.49 光圈模糊效果

2. 打开随书所附光盘中的文件"第13章\习题2-素材.jpg"，如图13.50所示。使用"油画"滤镜处理得到如图13.51所示的效果。

图13.50 素材图像　　　　　　　　　　　图13.51 油画效果

3. 打开随书所附光盘中的文件"第13章\习题3-素材.jpg"，如图13.52所示。使用"场景模糊"滤镜处理得到如图13.53所示的效果。

图13.52 素材图像　　　　　　　　　　　图13.53 光圈模糊效果

第14章

通道的运用

通道是Photoshop的核心功能之一。简单地说，它是用于装载选区的一个载体。同时，在这个载体中还可以像编辑图像一样编辑选区，从而得到更多的选区状态，并最终制作出更为丰富的图像效果。本章将以Alpha通道为重点，对其编辑、调用、保存等操作进行详细讲解。

14.1 通道及"通道"面板

一个图像文件可能包含3种通道，即颜色通道、专色通道、Alpha通道。

颜色通道是一种用于保存图像颜色信息的通道，其数目由图像的颜色模式所决定，例如，RGB颜色模式的图像有4个颜色通道，而CMYK模式的图像有5个颜色通道。

专色通道用于保存预先定义好的油墨信息，如金色、银色，在出片时专色通道将生成第5块色版，即专色版。

Alpha通道的主要功能是制作与保存选区，一些在图层中不易得到的选区，只有利用Alpha通道才可以得到。

使用"通道"面板可以创建、管理通道，执行"窗口"|"通道"命令，打开如图14.1所示的"通道"面板，此面板中列出了图像中所有的通道，其顺序为"复合"通道（对于RGB、CMYK和Lab图像）、单个颜色通道、专色通道、Alpha通道。

图14.1 图像及"通道"面板

"通道"面板中各个按钮的作用如下：

● 单击"将通道作为选区载入"按钮 ⃝ ，可以调出当前通道所保存的选区。
● 在当前图像存在选区的状态下，单击"将选区存储为通道"按钮 ⃞ ，可以将当前选区保存为Alpha通道。
● 单击"创建新通道"按钮 ⃟ ，创建一个新的Alpha通道。
● 单击"删除当前通道"按钮 🗑 ，删除当前选择的通道。

14.2 颜色通道简介

颜色通道包括一个"混合"通道和单个的"颜色"通道，如前所述，此类通道用于保存图像的颜色信息。每一个颜色通道对应图像的一种颜色，例如，CMYK模式的图像中的青色通道保存图像的青色信息。

默认状态下"通道"面板中显示所有的颜色通道，如果只单击选中其中的一个颜色通道，则在图像中仅显示此通道的颜色。在任何情况下，如果单击混合通道（RGB或CMYK），则可以同时显示所有颜色通道。

　　单击"颜色"通道左侧的眼睛图标 👁，可以隐藏颜色通道或混合通道，再次单击可恢复显示。因此如果需要查看两种颜色通道的合成效果，可以显示这两种颜色通道。隐藏"蓝"通道状态如图14.2所示。

图14.2 隐藏"蓝"通道的状态

14.3 Alpha通道详解

　　与原色通道不同的是，Alpha通道是用来存放选区信息的，其中包括选区的位置、大小、是否具有羽化值或羽化程度的大小等。

14.3.1 创建空白Alpha通道

　　要创建新的Alpha通道，可以单击"通道"面板中的"创建新通道"按钮 ⏷，或选择"通道"面板弹出菜单中的"新通道"命令，弹出的对话框设置如图14.3所示。

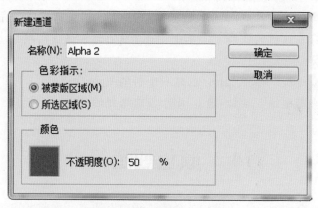

图14.3 "新建通道"对话框

　　"新建通道"对话框中的重要参数解释如下：

● 被蒙版区域：选择此选项，新建的通道显示为黑色，利用白色在通道中做图，白色区域则为对应的选区。

● 所选区域：选择此选项，新建通道中显示白色，利用黑色在通道做图，黑色区域为对应的选区。如图14.4所示是分别选择"被蒙版区域"和"所选区域"而创建的不同显示状态的通道。

图14.4 创建Alpha通道的两种效果

● 颜色：单击其后的色标，在弹出的"拾色器"中指定快速蒙版的颜色。

● 不透明度：在此指定快速蒙版的不透明度显示。

14.3.2 从选区创建同形状Alpha通道

Photoshop可将选区存储为Alpha通道，以方便在以后的操作中调用Alpha通道所保存的选区，或者通过对Alpha通道的操作来得到新的选区。

要将选区直接保存为具有相同形状的Alpha通道，可以在选区存在的情况下，单击面板下方的"将选区存储为通道"按钮 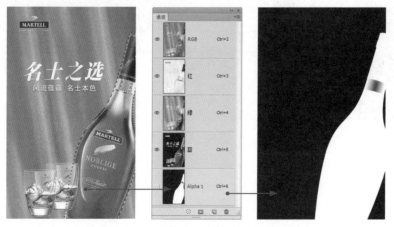，则该选择区域自动保存为新的Alpha通道，如图14.5所示。

图14.5 将选区存储为通道

仔细观察Alpha通道可以看出，通道中白色的部分对应的正是用户创建的选区的位置与大小，其形状完全相同，而黑色则对应于非选择区域。

如果在通道中除了黑色与白色外，出现了灰色柔和边缘，则表明是具有"羽化"值的选择区域保存成了相对应的通道。在此状态下Alpha通道中的灰色区域代表部分选择，即具有羽化值的选择区域。

14.4 将通道作为选区载入

在操作时既可以将选区保存为Alpha通道，也可以将通道作为选区载入（包括原色通道与专色通道等）。在"通道"面板中选择任意一个通道，单击"通道"面板底部的"将通道作为选区载入"按钮 ⊙ ，即可载入此Alpha通道所保存的选区。

此外，也可以在载入选区的同时进行运算，其步骤如下：

① 选择需要载入选区的通道，然后单击"通道"面板底部的"将通道作为选区载入"按钮 ⊙ ；按住Ctrl键单击通道，可以直接调用此通道所保存的选区。

② 在选区已存在的情况下，如果按Ctrl+Shift键单击通道，可以在当前选区中增加该通道所保存的选区。

③ 在选区已存在的情况下，如果按Alt+Ctrl键单击通道，可以在当前选区中减去该通道所保存的选区。

④ 在选区已存在的情况下，如果按Alt+Ctrl+Shift键单击通道，可以得到当前选区与该通道所保存的选区相重叠的选区。

以图14.6左图所示的通道为例，图14.6中图是载入其选区，并单击任意一个图层，以返回图像编辑状态时的选区，图14.6右图所示是对该选区进行填充白色后的效果。

图14.6 将通道作为选区载入

Tips 提示

按照上述方法，也可以载入颜色通道中的选区。

14.5 通道基础操作

14.5.1 复制通道

在"通道"面板中选择单个颜色通道或Alpha通道时，在面板弹出菜单中选择"复制通道"命令，将弹出如图14.7所示的对话框，通过设置此对话框，可以在同一图像中复制通道或将通道复制为一个新的图像文件。

图14.7 "复制通道"对话框

"复制通道"对话框中的重要参数解释如下：

- 复制：其后显示所复制的通道名称。
- 为：在此输入复制得到的通道名称，默认为当前"通道名称副本"。
- 文档：在此下拉列表中选择复制通道的存放位置。选择"新建"选项，由复制的通道生成一个"多通道"模式新文件。

也可以将一个通道直接拖动到"创建新通道"按钮 上，以对其进行复制。

14.5.2 删除通道

要删除通道，可在"通道"面板弹出的菜单中选择"删除通道"命令。

也可以直接将要删除的通道拖动到"删除当前通道"按钮 上，将其删除。

如果将某颜色通道拖至"通道"面板中的"删除通道"按钮 上，混合通道及该颜色通道都将被删除，而图像将自动转换为"多通道"模式，如图14.8所示为将图像中"青色"、"黑色"通道删除后的效果。

图14.8 删除颜色通道操作实例

14.6 通道应用实例

14.6.1 抠选头发

　　使用通道抠选头发是最精确的抠选方式，只是其涉及的技术较为复杂，因而难于被大多数用户掌握。在本例中，将以一幅典型的照片为例，讲解结合通道及图像调整命令，对通道进行编辑，直至得到合适的选区，将人物的头发抠选出来。

①打开随书所附光盘中的文件"第14章/14.6.1 抠选头发-素材.jpg"。如图14.9所示，分别选择"红"、"绿"、"蓝"通道，选择一个头发边缘对比度较好的通道，在此我们选择"红"通道。选择工具箱中的套索工具 ，沿着头发的边缘绘制选区，如图14.10所示。

②按Ctrl+C键进行复制，然后新建一个通道得到"alpha 1"，按Ctrl+V键进行粘贴。按Ctrl+D键取消选区。如图14.11所示。

  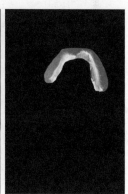

　　图14.9 素材图像　　　图14.10 绘制选区　　　图14.11 粘贴图像

③按Ctrl+M键调出"曲线"对话框，调整曲线的状态（图14.12），以增强图像的对比度，如图14.13所示。

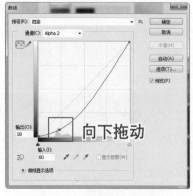 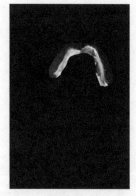

　　图14.12 "曲线"对话框　　　　图14.13 调整对比度后的效果

④设置前景色为黑色，选择画笔工具 并设置适当画笔大小，在头发边缘的白色杂边上进行涂抹，使头发边缘更干净，如图14.14所示。

⑤ 单击"通道"面板中的RGB通道返回图像状态，在工具箱中选择钢笔工具 ✐，并在其工具选项条中选择"路径"选项，以及"排除重叠形状"选项。沿着人物的轮廓绘制路径（除头发边缘），如图14.15所示。

⑥ 按Ctrl+Enter键将当前的路径转换为选区，如图14.16所示。

⑦ 切换至"通道"面板，按Ctrl+Shift键单击"Alpha 1"的缩览图以加入其选区，如图14.17所示。

图14.14 涂抹后的效果　　图14.15 绘制路径　　图14.16 转换路径为选区　　图14.17 添加选区

⑧ 按Ctrl+J键将选区中的图像复制到"图层1中"。选择"背景"图层单击"创建新的填充或调整图层"按钮 ◐，在弹出的菜单中选择"纯色"命令，然后在弹出的"拾取实色"对话框中设置其颜色值为 492c1a，如图14.18所示。此时对应的"图层"面板如图14.19所示。填充实色的目的，是为了能够很直观的观看后面抠出头发后的效果。

⑨ 选择"图层1"，单击"创建新图层"按钮 ◻ 得到"图层2"，在工具箱中选择仿制图章工具 ▣，并在其工具选项条中设置适当的画笔大小及其他设置，将光标置于椅子上方的衣服区域。

⑩ 按住Alt键单击鼠标左键以定义源图像，释放Alt键，在椅子图像上涂抹，如图14.20所示。以将椅子图像覆盖，得到如图14.21所示的效果。

图14.18 填充单色后的效果　　图14.19 "图层"面板　　图14.20 修除多余的图像　　图14.21 涂抹后的效果

⑪ 缩小显示比例，即可查看最终的效果，如图14.22所示。

图14.22 最终效果及对应的"图层"面板

14.6.2 用通道制作水滴笑脸

下面讲解如何结合Alpha通道、滤镜以及混合模式等功能，制作水滴笑脸效果。具体操作步骤如下：

① 打开随书所附光盘中的文件"第14章\14.6.2 用通道制作水滴笑脸-素材1.psd"，如图14.23所示，将其作为本例的背景图像。

 提示

下面结合素材图像以及图层属性的功能，制作画面中的水波效果。

② 打开随书所附光盘中的文件"第14章\14.6.2 用通道制作水滴笑脸-素材2.psd"，按住Shift键使用移动工具 将其拖至上一步打开的文件中，得到的效果如图14.24所示，同时得到"图层1"。

图14.23 素材图像

图14.24 拖入图像

③ 设置"图层1"的混合模式为"叠加"，不透明度为74%，填充为73%，以融合图像，得到的效果如图14.25所示。"图层"面板如图14.26所示。

图14.25 设置图层属性后的效果 　　　　图14.26 "图层"面板

Tips 提示

下面制作水面中的荷叶以及荷叶上的水珠图像。

④ 打开随书所附光盘中的文件"第14章\14.6.2 用通道制作水滴笑脸-素材3.psd"，使用移动工具 将其拖至上一步制作的文件中，并按如图14.27所示的位置进行摆放，同时得到"图层2"。在此图层的名称上右击，在弹出的快捷菜单中选择"转换为智能对象"命令，从而将其转换为智能对象图层。

Tips 提示

在后面将对该图层中的图像进行滤镜操作，而智能对象图层则可以记录下所有的参数设置，以便于我们进行反复的调整。另外，还可以利用智能蒙版得到所需要的图像效果。下面利用钢笔工具 绘制荷叶中的笑脸轮廓。

⑤ 选择钢笔工具 ，并在其工具选项条中选择"路径"选项和"合并形状"选项，在荷叶上绘制路径，如图14.28所示。

图14.27 摆放图像 　　　　　　　　　图14.28 绘制路径

⑥ 按Ctrl+Enter键将路径转换为选区，切换至"通道"面板，单击"将选区存储为通道"按钮 ，得到Alpha 1。按Ctrl+D键取消选区，选择Alpha 1，此时通道中的状态如图14.29所示。"通道"面板如图14.30所示。

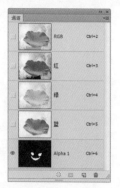

图14.29 Alpha 1通道状态　　　　　图14.30 "通道"面板状态

⑦ 执行"滤镜"|"扭曲"|"水波"命令，设置弹出的对话框如图14.31所示，得到如图14.32所示的效果。

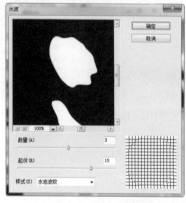

图14.31 "水波"对话框　　　　　图14.32 应用"水波"后的效果

⑧ 按住Ctrl键单击Alpha 1通道缩览图，以载入其选区，切换至"图层"面板，选择"图层2"，新建"图层3"，设置前景色为黑色，按Alt+Delete组合键以前景色填充选区，按Ctrl+D键取消选区，得到的效果如图14.33所示。

⑨ 设置"图层3"的填充为0%，单击"添加图层样式"按钮 fx，在弹出的菜单中选择"投影"命令，设置弹出的对话框如图14.34所示。然后在"投影"对话框中继续选择"内阴影"选项、"斜面和浮雕"选项、"光泽"选项，设置它们的对话框如图14.35所示，得到如图14.36所示的效果。

图14.33 填充后的效果　　　　　图14.34 "投影"对话框

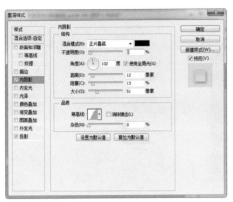

"内阴影"对话框

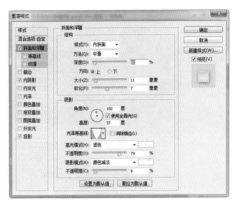

"斜面和浮雕"对话框

"等高线"对话框

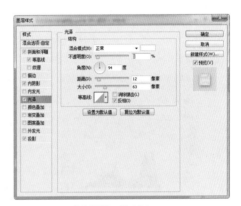

"光泽"对话框

图14.35 设置"图层样式"的选项

TIPS 提示

在"投影"对话框中,颜色块的颜色值为231815;在"内阴影"对话框中,颜色块的颜色值为040000,"等高线"的设置为软件自带的"高斯模糊";在"斜面和浮雕"对话框中,"光泽等高线"的设置为软件自带的"锥形-反转";在"等高线"对话框中,"等高线"的设置为软件自带的"锥形"。下面制作水珠内的荷叶图像。

⑩ 按住Ctrl键单击"图层3"图层缩览图以载入其选区。选择"图层2",执行"滤镜"|"扭曲"|"玻璃"命令,设置弹出的对话框如图14.37所示,得到如图14.38所示的效果。"图层"面板如图14.39所示。

图14.36 添加图层样式后的效果

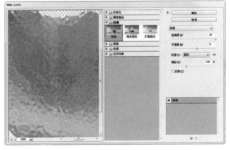

图14.37 "玻璃"对话框

图14.38 应用"玻璃"后的效果　　　图14.39 "图层"面板

⑪ 选择"图层3"，按住Ctrl键单击"图层3"图层缩览图以载入其选区。单击"创建新的填充或调整图层"按钮 ⦿，在弹出的菜单中选择"色阶"命令，设置弹出的面板如图14.40所示，得到如图14.41所示的效果，同时得到图层"色阶1"。

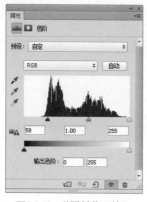

图14.40 "属性"面板　　　　图14.41 应用"色阶"后的效果

Tips 提示

下面结合画笔工具 ✎ 及设置图层不透明度的功能，制作荷叶的投影以及倒影效果。

⑫ 选择"图层1"，新建"图层4"，设置前景色为黑色，选择画笔工具 ✎，并在其工具选项条中设置适当的画笔大小，在荷叶的边缘进行涂抹，直至得到如图14.42所示的效果。设置当前图层的不透明度为79%，以融合图像，得到的效果如图14.43所示。

图14.42 涂抹后的效果　　　　图14.43 设置不透明度后的效果

⑬ 按住Alt键将"图层2"拖至"图层4"下方，得到"图层2 副本"。将"玻璃"滤镜效果名称拖至"删除图层"按钮 🗑 上以删除此滤镜效果。执行"滤镜"|"扭曲"|"水波"命令，设置弹出的对话框如图14.44所示，得到如图14.45所示的效果。

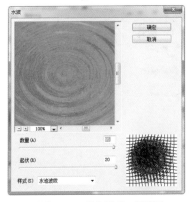

图14.44 "水波"对话框

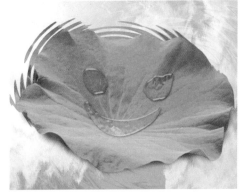

图14.45 应用"水波"后的效果

⑭ 使用移动工具 ⊹ 调整图像的位置，得到的效果如图14.46所示。设置"图层2 副本"的混合模式为"正片叠底"，填充为25%，以混合图像，得到的效果如图14.47所示。

图14.46 调整图像位置

图14.47 设置图层属性后的效果

Tips 提示

至此，荷叶图像的投影及倒影效果已制作完成。下面制作荷叶中的装饰图像。

⑮ 打开随书所附光盘中的文件"第14章\14.6.2 用通道制作水滴笑脸-素材4.psd"，按住Shift键使用移动工具 ⊹ 将其拖至上一步制作的文件中。将图层"蜻蜓"和"星光"拖至所有图层上方，将"蜻蜓 副本"拖至"图层1"上方，得到的最终效果如图14.48所示。"图层"面板如图14.49所示。

图14.48 最终效果

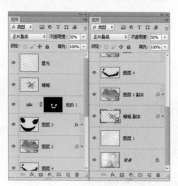

图14.49 "图层"面板

本章小节

本章主要讲解了Photoshop中的各种通道，及其相关处理方法。通过本章的学习，读者应对Photoshop的通道类型有所了解，掌握通道的创建、复制、删除等基础操作，并能够熟练使用颜色通道、Alpha通道配合调整命令进行抠图处理。

课后练习

一、选择题

1. RGB模式的图像拥有（　　）个原色通道。

A. 3　　B. 4　　C. 5　　D. 6

2. Alpha通道最主要的用途是（　　）。

A. 保存图像色彩信息

B. 保存图像未修改前的状态

C. 用来存储和建立选区

D. 保存路径

3. 在"通道"面板上按住（　　）键可以加选通道中的选区。

A. Alt　　B. Shift　　C. Ctrl　　D. Tab

4. 在Photoshop中有哪几种通道？（　　）

A. 颜色通道　　B. Alpha通道　　C. 专色通道　　D. 选区通道

5. 以下关于通道的说法中，哪些是正确的？（　　）

A. 通道可以存储选择区域

B. 通道中的白色部分表示被选择的区域，黑色部分表示未被选择的区域，无法倒转过来

C. Alpha通道可以删除，颜色通道和专色通道不可以删除

D. 快速蒙版是一种临时的通道

二、填空题

1. 复制颜色通道后创建得到的是（　　）。
2. 依据选区创建Alpha通道时，选区内的范围被转换为（　　）。
3. 选择一个通道，单击"通道"面板底部的（　　）按钮，即可载入此通道所保存的选区。

三、判断题

1. Photoshop中CMYK模式下的通道有4个。（　　）
2. 要删除多个Alpha通道时，可以按住Ctrl或Shift键单击其名称，以选中多个通道，然后将其拖至删除按钮 上即可。（　　）
3. 将通道拖至创建新通道按钮 上，或按住Alt键拖动要复制的通道，即可复制通道。（　　）
4. 单击颜色通道左侧的眼睛图标 可以隐藏该通道。单击Alpha通道左侧的眼睛图标 可以将其删除。
5. 通道只有灰度的概念，没有色彩的概念。

四、上机操作题

1. 打开随书所附光盘中的文件"第14章\习题1-素材.psd"，如图14.50所示。使用"曲线"命令分别选择"红"、"绿"和"蓝"颜色通道并进行调整，以改变其颜色，得到如图14.51所示的效果。

图14.50 素材图像　　　　　　　　　　图14.51 调整通道效果

2. 打开随书所附光盘中的文件"第14章\习题2-素材.jpg"，如图14.52所示，删除其中一个颜色通道，制作得到如图14.53所示的效果。

图14.52 素材图像　　　　　　　　图14.53 删除通道后的效果

3. 打开随书所附光盘中的文件"第14章\习题3-素材.tif"，如图14.54所示。使用通道与绘制路径，将人物从背景中抠选出来，如图14.55所示。

图14.54 素材图像　　　　　　图14.55 抠选人物

4. 打开随书所附光盘中的文件"第14章\习题4-素材1.tif"，如图14.56所示。使用通道将其中的火焰抠选出来，如图14.57所示。然后再打开"第14章\习题4-素材2.tif"，如图14.58所示，合成得到如图14.59所示的效果。

图14.56 素材图像　　　　　　　　图14.57 抠选后的效果

图14.58 素材图像　　　　　　　　图14.59 合成效果

第15章

动作及自动化图像处理技术

在实际工作过程中，经常会对很多图像文件执行完全相同的处理操作。如果仅靠手动进行处理，工作效率太低，动作与自动化命令的出现恰好解决了这一问题。动作及自动化图像处理技术可以将要执行的操作录制为动作，再结合自动化命令对图像内容进行批量处理，这样可以提高工作效率。

15.1 "动作"面板

对于"动作"的操作基本集中在"动作"面板中，使用"动作"面板可以记录、应用、编辑和删除个别动作，还可用来存储和载入动作文件。执行"窗口"|"动作"命令，弹出如图15.1所示的"动作"面板。

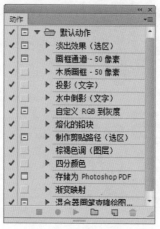

图15.1 "动作"面板

"动作"面板中各按钮的意义如下：

● 单击按钮 🔲 ，可以创建一个新动作。

● 单击按钮 🗑 ，可以删除当前选择的动作。

● 单击按钮 🗀 ，可以创建一个新组。

● 单击按钮 ▶ ，应用当前选择的动作。

● 单击按钮 ● ，开始录制动作。

● 单击按钮 ■ ，停止录制动作。

在"动作"面板中单击"组"、"动作"或"命令"左侧的▷按钮，可以展开或折叠它们；按住Alt键单击该▷按钮，可展开或折叠一个"组"中的全部"动作"或一个"动作"中的全部"命令"。

Tips 提示

在"动作"面板中单击动作名称即选择了此动作。按住Shift键单击动作名称，将选择多个连续的动作；按住Ctrl键单击动作名称，则选择多个不连续的动作。

从图15.1可以看出，在录制动作时，不仅应用的命令被录制在动作中，如果该命令具有参数，则其参数也同样会被录制在动作中，这样在应用动作时就可以得到非常精确的结果。

"动作"面板中的"组"在使用意义上与"图层"面板中的图层组相同，如果录制的动作较多，可将同类动作如"文字类"、"纹理类"保存在一个动作组中，以便查看，从而提高此面板的使用效率。

15.2 应用已有动作

要应用默认动作或自己录制的动作，可在"动作"面板中单击选中该动作，然后单击"播放选定的动作"按钮 ，或在"动作"面板弹出的菜单中选择"应用"命令。

例如在图15.2所示的效果中，就是使用预设的动画为其增加边框及图像特效后的效果。

图15.2 四种应用预设动作得到的效果

如果要应用的动作中有若干多余命令，无需重新录制或删除这些命令，只需要单击此命令最左侧的✔标志，使其显示为　，即跳过此命令，如图15.3所示。

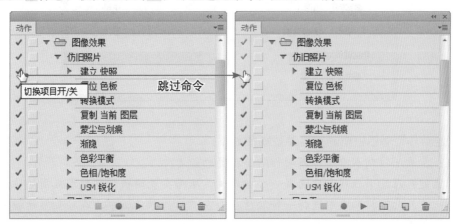

图15.3 跳过某些命令

如果需要重新设置某些动作的命令参数，同样无需重新录制这些命令，只需要单击此命令左侧的　标志，使其显示为，如图15.4所示，即可使Photoshop在执行此命令时弹出对话框。

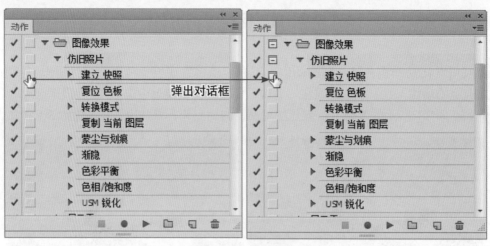

图15.4 弹出对话框

15.3 录制新动作

大多数情况下，我们需要创建自定义的动作，以满足不同的工作需求。

要创建新动作，可以按下述步骤进行操作：

① 单击"动作"面板下方的"创建新组"按钮 ，在弹出的"新建组"对话框中输入动作组名称后单击"确定"按钮。（此步操作并非必需，可以根据自己的实际需要确定是否创建一个放置新动作的组。）

② 单击"动作"面板中的"创建新动作"按钮 ，或选择"动作"面板弹出菜单中的"新建动作"命令，设置弹出的对话框如图15.5所示。

图15.5 "新建动作"对话框

"新建动作"对话框中的重要参数解释如下：

● 组：在此下拉列表中选择新动作所要放置的组名称。

● 功能键：在此下拉列表中选择一个功能键，从而实现按功能键即可应用动作的功能。

● 颜色：在此下拉列表中选择一种颜色作为在"动作"面板中，在按钮显示模式下新动作的颜色。

③ 设置"新建动作"对话框中的参数后，单击"记录"按钮，此时，"开始记录"按钮 自动被激活并显示为红色，表示进入动作的录制阶段。

④ 执行需要录制在当前动作中的命令。

⑤ 执行所有需要的操作后,单击"停止记录"按钮 ■ 。此时,"动作"面板中将显示录制的新动作。

Tips 提示

> 动作中无法记录使用画笔工具 ✎ 所进行的绘制类操作。

15.4 调整和编辑动作

15.4.1 修改动作中命令的参数

对于已录制完成的动作,可以通过改变命令参数,以改变应用动作后的效果。

在"动作"面板中双击需要改变参数的命令,在弹出的对话框中输入新的数值,单击"确定"按钮即可改变该命令的参数。

15.4.2 重新排列命令顺序

在"动作"面板中按住并拖动命令至一个新位置,可以改变动作中命令的顺序,如图15.6所示,从而改变应用此动作所得到的效果。

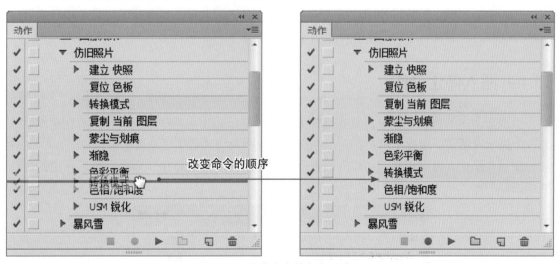

图15.6 改变命令的执行顺序

Tips 提示

> 某些命令有必然的先后顺序,即只有执行其他一个命令后,才可以执行当前命令,因此在移动前应该充分考虑此因素。

15.4.3 插入菜单项目

通过插入菜单项目，用户可以在录制动作的过程中，将任意一个菜单命令记录在动作中。

单击"动作"面板右上角的 ▾≡ 按钮，在弹出的菜单中选择"插入菜单项目"命令，弹出如图15.7所示的对话框。

弹出该对话框后，不要单击"确定"按钮关闭，而应该选择需要录制的命令，例如，"视图"|"显示额外内容"命令，此时的对话框将变为如图15.8所示的状态。

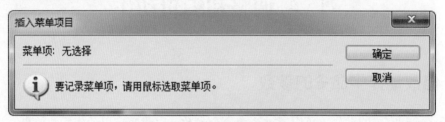

图15.7 "插入菜单项目"对话框

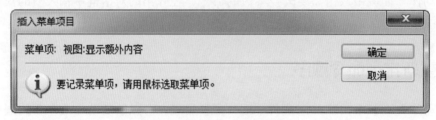

图15.8 插入菜单项目后的状态

在未单击"确定"按钮关闭"插入菜单项目"对话框之前，当前插入的菜单项目是可以随时更改的，只需重新选择需要的命令即可。

15.4.4 插入停止动作

由于在动作的录制过程中，某些操作无法被录制，因此在某些情况下，需要在动作中插入一个提示对话框，以提示用户在应用动作的过程中执行某种不可记录的操作。

要插入停止，可以选择"动作"面板弹出菜单中的"插入停止"命令，设置弹出的对话框如图15.9所示，即可插入停止的提示框。

图15.9 "记录停止"对话框

在"信息"文本框中输入提示信息，如果选择"允许继续"复选框，则在"信息"对话框中将出现"继续"按钮，单击该按钮，则继续进行下一步操作，如图15.10所示。否则只有一个"停止"按钮，如图15.11所示。

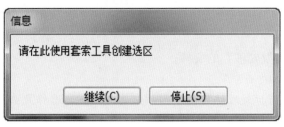

图15.10 选择"允许继续"复选框后的提示框　　图15.11 未选择"允许继续"复选框后的提示框

15.4.5 继续录制动作

虽然单击"停止播放/记录"按钮■可以结束动作的录制，但仍然可以根据需要在动作中插入其他命令。要插入一个命令，可以按下述步骤操作：

① 在动作中选择一个命令。

② 单击"开始记录"按钮●。

③ 执行需要记录的命令。

④ 单击"停止播放/记录"按钮■。

15.5 自动化处理

15.5.1 批处理

"文件"|"自动"|"批处理"是自动执行任务中最常用的一个命令，此命令能够对指定文件夹中的所有文件执行指定的动作。

应用"批处理"命令进行批处理，可以按下述步骤操作：

① 执行"文件"|"自动"|"批处理"命令，弹出的对话框如图15.12所示。

图15.12 "批处理"对话框

② 在"播放"区域的"组"和"动作"下拉列表中选择需要应用的"组"和"动作"
名称。

③ 从"源"下拉列表中选择要应用"批处理"的文件。

"批处理"对话框中的重要参数解释如下：

● 文件夹：此选项为默认选项，可以将批处理运行的范围指定为文件夹，选择此选项必
须单击"选择"按钮，在弹出的"浏览文件中"对话框中选择要执行批处理的文件
夹。

● 导入：此选项用于对来自数码相机或扫描仪的图像输入和应用动作。

● 打开的文件：此选项用于对所有已打开的文件应用动作。

④ 选择"覆盖动作中的'打开'命令"选项，动作中的"打开"命令将引用"批处
理"的文件而不是动作中指定的文件名，选择此选项将弹出如图15.13所示的提示对
话框。

图15.13 提示对话框

⑤ 选择"包含所有子文件夹"选项，可以使动作同时处理指定文件夹中所有子文件夹
包含的可用文件。

⑥ 选择"禁止颜色配置文件警告"选项，关闭颜色方案信息的显示。选择"禁止显示
文件打开选项对话框"选项以隐藏"文件打开选项"对话框，在对相机原始文件的
动作进行批处理时，此选项很有用。

⑦ 从"目的"下拉列表中选择执行批处理后的文件所放置的位置。

● 无：选择此选项，使批处理的文件保持打开而不存储更改（除非动作包括"存储"命
令）。

● 存储并关闭：选择此选项，将文件存储至其当前位置，并覆盖源文件。

● 文件夹：选择此选项，将处理后的文件存储到另一位置。此时可以单击其下方的"选
择"按钮，在弹出的"浏览文件中"对话框中指定目标文件夹。

⑧ 选择"覆盖动作中的'存储为'命令"选项，动作中的"存储为"命令将引用批处
理的文件，而不是动作中指定的文件名和位置。

⑨ 如果在"目的"下拉列表中选择"文件夹"选项，则可以指定文件命名规范并选择
处理文件的文件兼容性选项。

⑩ 从"错误"下拉列表中选择处理错误的选项。

● 由于错误而停止：选择此选项，在动作执行过程中如果遇到错误将中止批处理，建议
不选择此选项。

● 将错误记录到文件：选择此选项，并单击下面的"存储为"按钮，在弹出的"存储"
对话框中输入文件名，可以将批处理运行过程中所遇到的每个错误记录并保存在一个
文本文件中。

⑪ 设置所有选项后单击"确定"按钮，则Photoshop开始自动执行指定的动作。

下面以一个实例讲解使用"批处理"命令的操作步骤。本例的任务是将某文件夹中所有图像转换为CMYK颜色模式，然后以"DZWH+动作组号+扩展名"的形式命名保存为.tif格式文件。要完成此操作任务，可以按下述步骤操作：

① 打开随书所附光盘中的"第15章\15.5.1 批处理-素材"文件夹。

② 显示"动作"面板并新建一个名为"批处理动作"的动作组，如图15.14所示。

③ 新建一个动作，并设置"新建动作"对话框如图15.15所示。

图15.14 新建组 　　　　　　图15.15 "新建动作"对话框

④ 单击新动作对话框中"记录"按钮，开始记录动作。

⑤ 执行"图像"|"模式"|"CMYK颜色"命令，将图像改变为CMYK颜色模式。

⑥ 执行"文件"|"存储为"命令，在弹出的对话框的"格式"下拉列表中选择.tif，单击"保存"按钮，设置随后弹出的"TIFF选项"对话框，单击"确定"按钮，关闭对话框。

⑦ 在"动作"面板中单击"停止记录"按钮 ■，此时"动作"面板如图15.16所示。

⑧ 执行"文件"|"自动"|"批处理"命令，设置其对话框如图15.17所示，并执行此命令。

图15.16 "动作"面板 　　　　　　图15.17 "批处理"对话框

执行"批处理"命令后，可以看出使用此命令得到的图像存放于在"批处理"对话框中指定的文件夹中，而且其名称按对话框所指定的命名方式进行命名，如图15.18所示。

图15.18 重命名的文件

15.5.2 制作全景图像

Photomerge命令能够将多个图拼合成一个连续全景图像，如图15.19所示为原图像。如图15.20所示为使用Photomerge命令拼合后的全景图，其原理是软件自动寻找相近的相素，然后再将其对齐。

图15.19 素材图像

图15.20 组成后的全景图

执行"文件"|"自动"|Photomerge命令，弹出如图15.21所示的对话框，然后可以按照如下步骤进行合成图像操作：

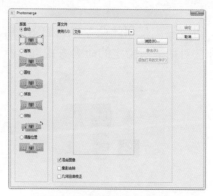

图15.21 照片合并对话框

① 执行"文件"|"自动"|Photomerge命令，弹出照片合并对话框，从"使用"下拉列表中选择一个选项。如果希望使用已经打开的文件，单击"添加打开的文件"按钮。

● 文件：可使用单个文件生成Photomerge合成图像。

● 文件夹：使用存储在一个文件夹中的所有图像来创建Photomerge合成图像，该文件夹中的文件会出现在此对话框中。

② 在对话框的左侧选择一种图片拼接类型，在此选择了"自动"选项。

③ 单击"确定"按钮关闭此对话框，即可得到Photoshop按图片拼接类型生成的全景图像，如图15.22所示。

图15.22 合成的效果

④ 使用裁剪工具 ⌗ 对图像进行裁剪，得到如图15.23所示的效果。

图15.23 裁切后的效果

⑤ 使用仿制图章工具 ⬚ 将上方部分图像进行修复，直至得到如图15.24所示的效果。

图15.24 修复后的效果

⑥ 结合盖印及"USM锐化"命令调整图像的清晰度，再利用"色相/饱和度"命令调整图像的饱和度，得到如图15.25所示的效果。

图15.25 进一步完善后的效果

图15.26~图15.28所示为使用其他几种版面类型所得到的拼合全景效果。

图15.26 选择"透视"选项效果

图15.27 选择"圆柱"选项效果

图15.28 选择"调整位置"选项效果

15.5.3 PDF演示文稿

使用"PDF演示文稿"命令，可以将图像转换为一个PDF文件，并可以通过设置参数，使生成的PDF具有演示文稿的特性，如设置页面之间的过渡效果、过渡时间等特性。

执行"文件"｜"自动"｜"PDF演示文稿"命令，将弹出如图15.29所示的对话框。

图15.29 "PDF演示文稿"对话框

- 添加打开的文件：选择此选项，可以将当前已打开的照片添加至转为PDF文件的范围。
- 浏览：单击此按钮，在弹出的对话框中可以打开要转为PDF文件的图像。
- 复制：在"源文件"下面的列表框中，选择一个或多个图像文件，单击此按钮，可以创建选中图像文件的副本。
- 移去：单击此按钮，可以将图像文件从"源文件"下面的列表框中移除。
- 存储为：在此选择"多页文档"选项，则仅将图像转换为多页的PDF文件；选择"演示文稿"选项，则底部的"演示文稿选项"区域中的参数将被激活，并可在其中设置演示文稿的相关参数。
- 背景：在此下拉列表中可以选择PDF文件的背景颜色。
- 包含：在此可以选择转换后的PDF中包含哪些内容，如"文件名"、"标题"等。
- 字体大小：在此下拉列表中选择数值，可以设置"包含"参数中文字的大小。
- 换片间隔__秒：在此区域中输入数值，可以设置演示文稿切换时的间隔时间。
- 在最后一页之后循环：选中此选项，将可以在演示文稿播放至最后一页后，自动从第一页开始重新播放。
- 过渡效果：在此下拉列表中，可以选择各图像之间的过滤效果。

根据需要设置上述参数后，单击"存储"按钮，在弹出的对话框中选择PDF文件保存的范围，并单击"保存"按钮，然后会弹出如图所示的"存储Adobe PDF"对话框，在其中可以设置PDF文件输出的属性，单击"创建PDF"按钮即可。

15.6 图像处理器

图像处理器是脚本命令，虽然它并不属于"文件"|"自动"子菜单中的命令，但由于其特殊功能，我们仍把它当做是一个提高工作效率的命令来讲解。

首先来了解"图像处理器"命令可以完成的工作。此命令的强大之处就在于除了提供重命名图像文件的功能外，还允许用户将其转换为JPEG、PSD或TIFF格式之一，或者将文件同时转换为以上3种格式，也可以使用相同选项来处理一组相机原始数据文件，并调整图像大小，使其适应指定的大小。

下面将对"图像处理器"的使用方法进行讲解，具体步骤如下：

① 执行"文件"|"脚本"|"图像处理器"命令，弹出如图15.30所示的对话框。

② 选择要处理的图像文件，可以通过选中"使用打开的图像"选项以处理任何打开的文件；也可以通过单击"选择文件夹"按钮，在弹出的对话框中选择处理一个文件夹中的文件。

图15.30 "图像处理器"对话框

③ 选择处理后的图像文件保存的位置，可以通过选中"在相同位置存储"选项在相同的文件夹中保存文件，也可以通过单击"选择文件夹"按钮，在弹出的对话框中选择一个文件夹，用于保存处理后的图像文件。

Tips 提示

> 如果多次处理相同文件并将其存储到同一目标，每个文件都将以其自己的文件名存储，而不进行覆盖。

④ 选择要存储的文件类型和选项，在此区域可以选择将处理的图像文件保存为JPEG、PSD、TIFF中的一种或几种。如果选中"调整大小以适合"选项，则可以分别在"宽度"和"高度"文本框中输入尺寸，使处理后的图像恰好符合此尺寸。

⑤ 设置其他处理选项，如果还需要对处理的图像执行动作中定义的命令，选择"运行动作"选项，并在其右侧选择要运行的动作。选择"包含 ICC 配置文件"，可以在存储的文件中嵌入颜色配置文件。

⑥ 设置完所有选项后，单击"运行"按钮即可。

本章小节

本章主要讲解了Photoshop中各种自动化处理功能。通过本章的学习，读者应能够熟练地创建与编辑动作，并能够使用批处理、合成全景图、PDF演示文稿及图像处理等功能，执行相应的自动化处理操作。

课后练习

一、选择题

1. 下列无法记录在动作中的是（　　）。
A. 设置前景色　　　B. 使用画笔工具✐进行涂抹　　　C. 新建图像　　　D. 取消选区
2. 对一定数量的文件，用同样的动作进行操作，以下方法中效率最高的是（　　）。
A. 将该动作的播放设置快捷键，对于每一个打开的文件按一键即可以完成操作
B. 执行"文件 | 自动 | 批处理"命令，对文件进行处理
C. 将动作存储为"样式"，对每一个打开的文件，将其拖放到图像内即可以完成操作
D. 在文件浏览器中选中所有需要处理的文件，点鼠标右键，在弹出的快捷菜单中选择"应用动作"命令
3. 要显示"动作"面板，可以按（　　）键。
A. F9　　　B. F10　　　C. F11　　　D. F6

4. 在Photoshop中，要将多张照片拼合为全景图，可以使用哪个命令？（ ）

A. Photomerge　　　B. 合并全景图　　　C. 合并HDR Pro　　　D. 批处理

5. 以下哪些任务不能通过"动作"记录下来？（ ）

A. 画笔工具🖊️绘制线条　　　B. 魔棒工具🪄选择选区　　　C. 磁性套索工具🔲创建选区　　　D. 海绵工具🧽

6. 关于"动作"记录，以下说法正确的是（ ）。

A. "自由变换"命令的记录，可以通过"动作"面板右上角弹出的菜单中"插入菜单"命令实现

B. 钢笔绘制路径不能直接记录为动作，可以通过"动作"面板右上角弹出的菜单中"插入路径"命令实现

C. 选区转化为路径不能被记录为动作

D. "动作"面板右上角弹出的菜单中选择"插入停止"，当动作运行到此处，会弹出下一步操作的参数对话框，让操作者自行操作，操作结束后会继续执行后续动作

7. 关于"动作"记录，以下说法正确的是（ ）。

A. "图像尺寸"的操作无法记录到动作中，但可以选择插入菜单命令记录

B. 播放其他动作的操作也可以被记录为动作中的一个命令

C. "对齐到参考线"等开关命令，执行动作的结果取决于文件当时开或关的状态

D. 记录插入菜单的动作时，可以按菜单命令的快捷键来完成记录

8. 使用"图像处理器"可以完成的工作有（ ）。

A. 将图像输出为PSD或JPEG格式　　　　C. 改变图像的尺寸

B. 在处理图像的同时应用动作　　　　　D. 设置输出JPEG时的品质

二、 填空题

1. 使用"Photomerge"命令，最少可以对（ ）张图像进行处理，从而将其融合为一幅图像。

2. 使用"图像处理器"，可以将照片处理为（ ）、（ ）和（ ）格式。

3. 对于一些无法录制的菜单项目，可以使用（ ）命令将其添加到动作中。

三、 判断题

1. 用户可以为动作指定F1以外的快捷键。（ ）

2. "插入停止"功能必须在停止录制动作的情况下执行。（ ）

3. 在使用"批处理"命令时，每次仅可以指定一个动作进行批量处理操作。（ ）

四、 上机操作题

1. 打开随书所附光盘中的文件"第15章\习题1-素材.jpg"，如图15.31所示。创建一个动作，然后执行"亮度/对比度"及"自然饱和度"命令对照片进行处理，关闭并保存对照片的处理，得到如图15.32所示的效果，对应的"动作"面板如图15.33所示。

图15.31 素材图像　　　　　　　　　　　图15.32 处理效果

图15.33 "动作"面板

2. 使用随书所附光盘中的文件"第15章\习题2-素材"文件夹中的照片，利用上一题中录制
　 得到的动作，执行"批处理"命令对其中所有的照片进行处理，并将处理完成的照片以
　 "Photos_3位序号"的方式进行命名，处理后的效果如图15.34所示。

图15.34 调色并重命名后的效果

第16章

综合案例

在前面的章节中已经讲解了Photoshop CS6的基础知识，本章包括8个综合案例，每个案例都有不同的知识侧重点。希望读者通过认真的操作和学习后，能够巩固前面所学习的工具、命令与重要概念。

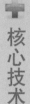

16.1 熏黄照片效果

例前导读

本例主要讲解如何制作熏黄照片效果。在制作的过程中，主要结合了调色、设置图层属性、盖印以及滤镜等功能来实现。该照片效果整体易给人以非主流、忧郁、颓废的感觉，因此在挑选照片时，要注意对人物整体感觉的把握，宜选择中性色调较多的照片，暗调和高光区域都不要太多，以便于获得较佳的最终结果。

核心技术

使用"去色"命令去除图像色彩
使用混合模式改变图像的色彩
使用"云彩"滤镜制作不规则图像
使用"中间值"滤镜模糊图像
使用"颗粒"滤镜为图像增加颗粒质感
使用"盖印"操作合并多个图层

① 执行"文件"|"打开"命令，在弹出的"打开"对话框中选择随书所附光盘中的文件"第16章\16.1-熏黄照片效果-素材.jpg"，单击"打开"按钮退出对话框，将看到整个图片如图16.1所示。

② 按Ctrl+J键复制"背景"图层得到"图层1"，执行"图像"|"调整"|"去色"命令，得到的效果如图16.2所示。

图16.1 素材图像　　图16.2 应用"去色"命令后的效果

③ 在"图层"面板顶部设置"图层1"的混合模式为"柔光"，以混合图像，得到的效果如图16.3所示。"图层"面板如图16.4所示。

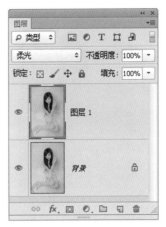

图16.3 设置混合模式后的效果　　　图16.4 "图层"面板

④ 在"图层"面板底部单击"创建新图层"按钮 ▣ 得到"图层2"，在工具箱中设置前景色为白色，按Alt+Delete键以前景色填充当前图层，在"图层"面板顶部设置"图层2"的混合模式为"颜色"，以混合图像，得到的效果如图16.5所示。

⑤ 按照上一步的操作方法，新建"图层3"，设置前景色的颜色值为00246e并进行填充，设置当前图层的混合模式为"排除"，得到的效果如图16.6所示。"图层"面板如图16.7所示。

图16.5 填充及设置混合模式后的效果　图16.6 调色后的效果　　图16.7 "图层"面板

⑥ 按Ctrl+Alt+Shift+E键执行"盖印"操作，从而将当前所有可见的图像合并至一个新图层中，得到"图层4"。设置此图层的混合模式为"柔光"，以混合图像，得到的效果如图16.8所示。

⑦ 单击"图层"面板底部的"创建新图层"按钮 ▣ 得到"图层5"，在工具箱中设置前景色的颜色值为 939191，背景色为白色，执行"滤镜"|"渲染"|"云彩"命令，得到如图16.9所示的效果。

图16.8 盖印及设置混合　图16.9 应用"云彩"命令后的效果
模式后的效果

Tips 提示

在应用"云彩"命令时，由于此命令具有随机性，故读者不必刻意追求一样的效果。

⑧ 在"图层"面板顶部设置"图层5"的混合模式为"颜色加深"，以混合图像，得到的效果如图16.10所示。"图层"面板如图16.11所示。

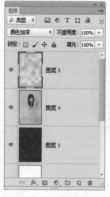

图16.10 设置混合模式后的效果　图16.11 "图层"面板

⑨ 按Ctrl+Alt+Shift+E键执行"盖印"操作，从而将当前所有可见的图像合并至一个新图层中，得到"图层6"。执行"滤镜"|"杂色"|"添加杂色"命令，设置弹出的对话框如图16.12所示，得到如图16.13所示的效果。

图16.12 "添加杂色"对话框　图16.13 应用"添加杂色"后的效果

⑩ 执行"滤镜"|"杂色"|"中间值"命令，在弹出的对话框中设置"半径"数值为2（图16.14），得到如图16.15所示的效果。

图16.14 "中间值"对话框　　　图16.15 应用"中间值"命令后的效果

⑪ 执行"滤镜"|"纹理"|"颗粒"命令，设置弹出的对话框如图16.16所示，得到如图16.17所示的效果。

图16.16 "颗粒"对话框　　　图16.17 应用"颗粒"命令后的效果

⑫ 在"图层"面板顶部设置"图层6"的混合模式为"颜色减淡"，填充为30%，以混合图像，得到的效果如图16.18所示。"图层"面板如图16.19所示。

图16.18 设置图层属性后的效果　　　图16.19 "图层"面板

⑬ 按Ctrl+Alt+Shift+E键执行"盖印"操作，从而将当前所有可见的图像合并至一个新图层中，得到"图层7"。执行"滤镜"|"模糊"|"高斯模糊"命令，在弹出的对话框中设置"半径"数值为4.2，如图16.20所示。得到如图16.21所示的效果。

⑭ 在"图层"面板顶部设置"图层7"的混合模式为"柔光"，以混合图像，得到的效果如图16.22所示。

图16.20 "高斯模糊"对话框　　图16.21 应用"高斯模糊"　图16.22 设置混合模式后的效果
　　　　　　　　　　　　　　　　后的效果

⑮ 在"图层"面板底部单击"创建新的填充或调整图层"按钮 ，在弹出的菜单中选择"可选颜色"命令，得到"选取颜色1"，设置弹出的面板如图16.23和图16.24所示，得到如图16.25所示的最终效果。"图层"面板如图16.26所示。

图16.23 "红色"面板　图16.24 "黄色"面板　　图16.25 最终效果　图16.26 "图层"面板

16.2 蓝调个性人像处理

例前导读

在本例中，将以蓝调色彩为主色调，配合曝光及艺术柔光等方面的处理，制作一幅蓝调个性人像照片处理。在处理过程中，应注意一定不要将蓝色及青色添加得过于浓郁，导致画面色彩淤积，失去画面的美感。读者在掌握本例的方法后，可以尝试对其他照片进行处理。

核心技术

使用"渐变映射"调整图层调整色彩

使用混合模式融合图像与色彩

使用"色阶"调整图层改变图像曝光

使用图层蒙版隐藏调整效果

使用画笔工具绘图与编辑图层蒙版

使用"盖印"操作合并多个图层

① 打开随书所附光盘中的文件"第16章\6.2 蓝调个性人像处理-素材.jpg"。如图16.27所示。

② 单击"创建新的填充或调整图层"按钮 ，在弹出的菜单中选择"渐变映射"命令，得到图层"渐变映射1"。在"属性"面板中设置其参数，如图16.28所示。其中在"属性"面板中，所使用的渐变从左至右各个色标的颜色值依次为 002c55、0057e7、8caaff和白色。

③ 设置"渐变映射1"混合模式为"叠加"，从而为图像叠加颜色，得到如图16.29所示的效果。

图16.27 素材图像　　　图16.28 "属性"面板　　　图16.29 调色后的效果

④ 选择"渐变映射1"的蒙版，设置前景色为黑色，选择画笔工具 并设置适当的画笔大小及不透明度，在图像上涂抹以将其隐藏，得到如图16.30所示的效果。

⑤ 单击"创建新的填充或调整图层"按钮 ，在弹出的菜单中选择"色阶"命令，得到图层"色阶1"，在"属性"面板中设置其参数，如图16.31所示，以调整图像的亮度及颜色。

⑥ 按住Alt键拖动"渐变映射1"的蒙版至"色阶1"上，以复制图层蒙版，得到如图16.32所示的效果，此时的"图层"面板如图16.33所示。

图16.30 隐藏部分图像　　图16.31 "属性"面板　　图16.32 调色后的效果　　图16.33 "图层"面板

⑦ 单击"创建新的填充或调整图层"按钮 ，在弹出的菜单中选择"纯色"命令，在弹出的对话框中设置颜色值为 0021e7，同时得到图层"颜色填充1"，设置其混合模式为"柔光"，不透明度为50%，得到如图16.34所示的效果。

⑧ 新建一个图层得到"图层1"，并设置其混合模式为"色相"。选择画笔工具 并在其工具选项条上设置参数 ，设置前景色的颜色值为 e700cf，然后在人物皮肤位置涂抹一些紫色作为装饰，如图16.35所示。

⑨ 选择"图层"面板顶部的图层，按Ctrl＋Alt＋Shift＋E键执行"盖印"操作，从而将当前所有的可见图像合并至新图层中，得到"图层2"。

⑩ 执行"滤镜|模糊|高斯模糊"命令，在弹出的对话框中设置"半径"数值为3.1，单击"确定"按钮退出对话框，得到如图16.36所示的效果。

图16.34 叠加色后的效果　　图16.35 涂抹紫色　　图16.36 模糊后的效果

⑪ 设置"图层2"的混合模式为"滤色"，不透明度为40%，以提亮照片并为其增加柔光效果，如图16.37所示。

⑫ 单击"添加图层蒙版"按钮 ◙ 为"图层1"添加蒙版，设置前景色为黑色，选择画笔工具 ✐ 并设置适当的画笔大小及不透明度，在人物图像中间曝光过度的区域涂抹以将其隐藏，如图16.38所示，蒙版中的状态如图16.39所示。

图16.37 设置混合模式为"滤色"　图16.38 设置混合模式为"柔光"　　图16.39 蒙版中的状态

⑬ 复制"图层2"得到"图层2副本"，修改其混合模式为"柔光"，得到如图16.40所示的最终效果，对应的"图层"面板如图16.41所示。

图16.40 最终效果　　　　图16.41 "图层"面板

16.3 浪漫桃花婚纱写真

例前导读

在婚纱写真的范畴中，需要表达的主题永远都是两人之间的美好爱情。本例的背景场景选择在唯美的朦胧色彩中，在梦幻背景的衬托下，两位新人憧憬未来的神情显得更加幸福和甜蜜，再加上典雅的花纹以及飘落的白点，使整幅画面充满了浪漫和温馨。

核心技术

使用调整图层改变图像的色彩

使用图层蒙版隐藏图像

使用形状工具 🐦 绘制图形

将选中的图层编组

使用图层不透明度融合图像

使用图层样式为图像增加特效

使用画笔工具 🖊 绘制装饰图像

① 打开随书所附光盘中的文件"第16章\16.3-浪漫桃花婚纱写真-素材1.psd"，如图16.42所示。将其作为本例的背景图像。

图16.42 素材图像

Tips 提示

下面结合调整图层以及编辑蒙版的功能，调整背景图像的色彩。

② 单击"创建新的填充或调整图层"按钮 🔾，在弹出的菜单中选择"色相/饱和度"命令，得到图层"色相/饱和度1"，设置弹出的面板如图16.43所示，得到如图16.44所示的效果。

图16.43 "色相/饱和度"面板　　　　　　图16.44 调色后的效果

③ 单击"创建新的填充或调整图层"按钮 ，在弹出的菜单中选择"色彩平衡"命令，得到图层"色彩平衡1"，设置弹出的面板如图16.45和图16.46所示，得到如图16.47所示的效果。

图16.45 "中间调"选项　图16.46 "高光"选项　　　　图16.47 调色后的效果

④ 选择"色彩平衡1"图层蒙版缩览图，设置前景色为黑色，按Alt+Delete键以前景色填充当前蒙版，再设置前景色为白色，选择画笔工具 ，在其工具选项条中设置适当的画笔大小及不透明度，在图层蒙版中进行涂抹，以将部分色彩显示出来，直至得到如图16.48所示的效果，此时蒙版中的状态如图16.49所示。"图层"面板如图16.50所示。

图16.48 添加图层蒙版后的效果　　　　　图16.49 蒙版中的状态

 提示

至此，背景效果已制作完成。下面制作边框及人物图像。

⑤ 设置前景色为白色，选择矩形工具 ▢，在工具选项条上选择"形状"选项，在画布的左侧绘制如图16.51所示的形状，得到"形状1"。

图16.50 "图层"面板　　　　　　图16.51 绘制形状

⑥ 按Ctrl+Alt+T键调出自由变换并复制控制框，按Alt+Shift键向内拖动右上角的控制句柄以等比例缩小图像，按Enter键确认操作。然后在矩形工具 ▢ 选项条中选择"减去顶层形状"选项，得到的效果如图16.52所示。

⑦ 打开随书所附光盘中的文件"第16章\16.3-浪漫桃花婚纱写真-素材2.jpg"，如图16.53所示。使用"移动工具" ▶✛ 将其拖至上一步制作的文件中，得到"图层1"。按Ctrl+T键调出自由变换控制框，按住Shift键向内拖动控制句柄以缩小图像及移动位置，按Enter键确认操作。得到的效果如图16.54所示。

⑧ 单击"图层1"左侧的眼睛图标 ◉ 以隐藏该图层，在工具箱中选择矩形选框工具 ▭，沿着边框内部的轮廓绘制选区，如图16.55所示。

图16.52 变换后的效果　　　图16.53 素材图像　　　图16.54 调整图像

⑨ 再次单击"图层1"左侧的眼睛图标 ◉ 以显示该图层，单击"添加图层蒙版"按钮 ▣ 为"图层1"添加蒙版，得到的效果如图16.56所示。

 提示

下面结合形状工具及"羽化"命令，制作相框与背景间的接触感。

⑩ 选择钢笔工具 ✐，并在其工具选项条上选择"路径"选项，在相框周围绘制如图16.57所示的路径。按Ctrl+Enter键将路径转换为选区，按Shift+F6键应用"羽化"命令，在弹出的对话框中设置"羽化半径"数值为8，单击"确定"按钮退出对话框，得到如图16.58所示的选区状态。

图16.55 绘制选区　　　图16.56 添加图层蒙版后的效果　　　图16.57 绘制路径

⑪ 选择"色彩平衡1"，单击"创建新图层"按钮 ▣ 得到"图层2"，设置前景色为f08870，按Alt+Delete键以前景色填充当前选区，按Ctrl+D键取消选区，得到的效果如图16.59所示。"图层"面板如图16.60所示。

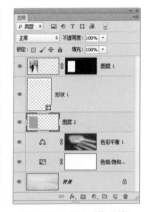

图16.58 选区状态　　　图16.59 填充后的效果　　　图16.60 "图层"面板

Tips 提示

至此，左侧的主题人物图像已制作完成。下面制作画布右侧的小人物图像。

⑫ 选择"图层2"，按住Ctrl键选择"形状1"以选中"图层2"和"形状1"。按Ctrl+Alt+E键执行"盖印"操作，从而将选中图层中的图像合并至一个新图层中，并将其重命名为"图层3"。将此图层拖至"图层1"的上方，利用自由变换控制框调整图像的大小、角度及位置，得到的效果如图16.61所示。

⑬ 将"图层3"拖至"创建新图层"按钮 ▣ 上得到"图层3副本"，选择移动工具 ▶♣，按住Shift键垂直向下移动图像的位置，得到的效果如图16.62所示。重复本步骤的操作方法，制作另外一个相框图像，如图16.63所示。同时得到"图层3副本2"。

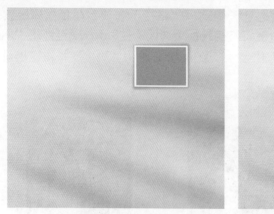

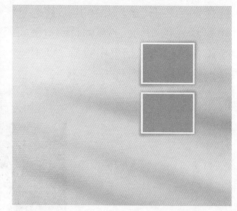

图16.61 盖印及调整图像　　　　　　图16.62 复制及移动图像

⑭ 按照第⑦~⑨步的操作方法，打开随书所附光盘中的文件"第16章\16.3 浪漫桃花婚纱写真-素材3.jpg"~"第16章\16.3 浪漫桃花婚纱写真-素材5.jpg"，结合变换、选区以及图层蒙版等功能，制作相框内的人物图像，如图16.64所示。同时得到"图层4"和"图层6"。

⑮ 选择"图层2"，按住Shift键选择"图层6"以选中它们相连的图层，按Ctrl+G键执行"图层编组"操作，得到"组1"。并将其重命名为"人物及相框"。"图层"面板如图16.65所示。

图16.63 制作另外一个相框　　　　　　图16.64 制作人物图像

Tips 提示

为了方便图层的管理，笔者在此对制作人物及相框的图层进行编组操作。在下面的操作中，笔者也对各部分进行了编组的操作，在步骤中不再叙述。至此，人物图像已制作完成。下面制作相框下方的花纹。

⑯ 收拢组"人物及相框"，选择"色彩平衡1"。打开随书所附光盘中的文件"第16章\16.3-浪漫桃花婚纱写真-素材6.psd"，如图16.66所示。使用移动工具 ► 将其拖至上一步制作的文件中，并置于大相框的右侧，如图16.67所示，同时得到"图层7"。

图16.65 "图层"面板

图16.66 素材图像

17 设置"图层7"的不透明度为30%，以降低图像的透明度，得到的效果如图16.68所示。结合复制图层及变换功能，制作右下角的花纹图像（图16.69）。同时得到"图层7副本"。

图16.67 制作花纹图像

图16.68 设置不透明度后的效果

Tips 提示

至此，相框下方的花纹图像已制作完成。下面制作相框上方的花纹图像。

18 按照上一步的操作方法，结合复制图层、变换以及设置图层不透明度的功能，制作相框上方（大相框的左上方及右下方、以及画布的右上角）的花纹效果，如图16.70所示。"图层"面板如图16.71所示。

图16.69 制作右个角的花纹

图16.70 制作相框上方的花纹

⑲ 选择"图层7副本2"（大相框左上方的花朵），单击"添加图层样式"按钮 **fx**，在弹出的菜单中选择"外发光"命令，设置弹出的对话框如图16.72所示，得到的效果如图16.73所示。

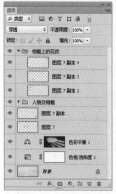
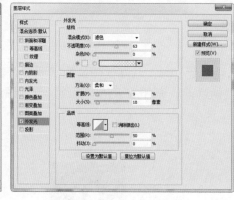

图16.71 "图层"面板　　　　图16.72 "外发光"对话框　　　　图16.73 添加图层样式后的效果

⑳ 按住Alt键将"图层7副本2"的图层样式拖至"图层7副本3"（大相框右下方的花朵）图层名称上以复制图层样式，得到的效果如图16.74所示。

㉑ 单击"添加图层蒙版按钮" 为"图层7 副本4"（画布右上角的花朵）添加蒙版，设置前景色为黑色，选择画笔工具，在其工具选项条中设置适当的画笔大小及不透明度，在图层蒙版中进行涂抹，以将人物面部的花朵图像隐藏起来，直至得到如图16.75所示的效果。"图层"面板如图16.76所示。

图16.74 复制图层样式后的效果　　　　图16.75 添加图层蒙版后的效果

至此，花朵图像已制作完成。下面制作画面中的白色装饰点效果。

㉒ 收拢组"相框上的花纹"，新建"图层8"，设置前景色为白色，打开随书所附光盘中的文件"第16章\16.3-浪漫桃花婚纱写真-素材7.abr"，选择画笔工具 ，在画布中单击右键在弹出的画笔显示框中选择刚刚打开的画笔，如图16.77所示。在大相框的左侧进行涂抹，得到的效果如图16.78所示。

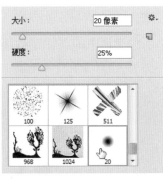

图16.76 "图层"面板　　图16.77 选择画笔　　图16.78 涂抹后的效果

㉓ 按照上一步的操作方法，结合画笔工具 及画笔素材，继续制作画布下方及右上方的装饰点图像，如图16.79所示。同时得到"图层9"～"图层11"。

本步骤中应用到的素材为"第16章\16.3-浪漫桃花婚纱写真-素材7.abr"和"16.3-浪漫桃花婚纱写真-素材8.abr"。

图16.79 制作装饰点图像

㉔ 设置"图层10"的混合模式为"叠加"，以混合图像，得到的效果如图16.80所示。

至此，装饰图像已制作完成。下面制作文字图像，完成制作。

图16.80 设置混合模式后的效果

25 选择"图层11",打开随书所付光盘中的文件"第16章\16.3-浪漫桃花婚纱写真-素材9.psd",按住Shift键使用移动工具 ⊕ 将其拖至上一步制作的文件中,得到的最终效果如图16.81所示。"图层"面板如图16.82所示。

图16.81 最终效果

图16.82 "图层"面板

16.4 《巴黎没有摩天轮》封面设计

例前导读

本例是以《巴黎没有摩天轮》为主题的封面设计作品。在制作的过程中，设计师用大面积的白色作为整个封面的底色，使作品给人们以无限量的想象空间，整体看起来简单明了、结构清晰，加上醒目的文字，给人一睹为快的感觉。

核心技术

使用辅助线分割封面各部分
使用渐变填充图层为路径填充颜色
使用文字工具 T 输入并格式化文字
使用变换工具调整对象大小及角度
使用钢笔工具 绘制图形
使用画笔工具 绘制图像
使用调整图层调整图像的色彩

① 按Ctrl+N键新建一个文件，设置弹出的对话框如图16.83所示，单击"确定"按钮退出对话框，以创建一个新的空白文件。

Tips 提示

在"新建"对话框中，封面的宽度数值为正封宽度（210mm）+ 书脊宽度（20mm）+ 封底宽度（210mm）+ 左右出血（各3mm）=446mm，封面的高度数值为上下出血（各3mm）+ 封面的高度（285mm）=291mm。

② 按Ctrl+R键显示标尺，按Ctrl+;键调出辅助线，按照上面的提示内容在画布中添加辅助线以划分封面中的各个区域，如图16.84所示。按Ctrl+R键隐藏标尺。

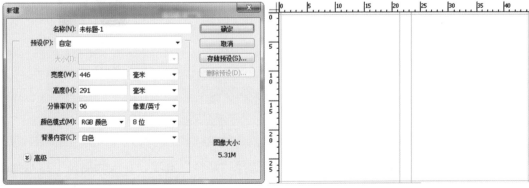

图16.83 "新建"对话框　　　　　　　图16.84 划分区域

提示

下面结合路径及渐变填充图层的功能，制作封面下方的渐变效果。

③ 选择矩形工具 □，在工具选项条上选择"路径"选项，在画布的下方绘制如图16.85 所示的路径。单击"创建新的填充或调整图层"按钮 ，在弹出的菜单中选择 "渐变"命令，设置弹出的对话框如图16.86所示，得到如图16.87所示的效果，同时 得到图层"渐变填充1"。

图16.85 绘制路径

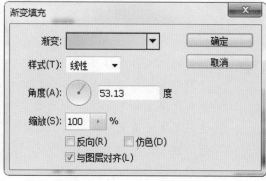

图16.86 "渐变填充"对话框

 提示

在"渐变填充"对话框中，渐变类型为"从 a4c9b7 到 c9dfdc"。下面制作正封中的图像效果。

④ 打开随书所附光盘中的文件"第16章\16.4\素材1.psd"，使用移动工具 将其拖至 上一步制作的文件中，得到"图层1"。按Ctrl+T键调出自由变换控制框，按住Shift 键向外拖动控制句柄以放大图像及移动位置，按Enter键确认操作，得到的效果如图 16.88 所示。

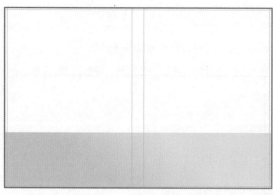

图16.87 应用"渐变填充"后的效果

图16.88 调整图像

⑤ 选择矩形工具 □，在其工具选项条上选择"路径"选项，在人物图像上绘制如图 16.89所示的路径。按住Ctrl键单击"添加图层蒙版"按钮 为"图层1"添加蒙 版，隐藏路径后的效果如图16.90所示。

图16.89 绘制路径

图16.90 添加蒙版后的效果

⑥ 打开随书所附光盘中的文件"第16章\16.4\素材2.psd",使用移动工具 ▶₊ 将其拖至上
一步制作的文件中,得到"图层2"。利用自由变换控制框调整图像的大小及位置,
得到的效果如图16.91所示。

Tips 提示

> 至此,封面中的图片效果已制作完成。下面制作书名文字。

⑦ 选择横排文字工具 T,设置前景色的颜色值为 26342d,并在其工具选项条上设置适
当的字体和字号,在右侧图片的下方输入文字"巴黎",如图16.92所示。

图16.91 调整图像　　　　　　　　图16.92 输入文字

⑧ 按照上一步的操作方法,应用文字工具 T 继续输入书名文字,如图16.93所示。"图
层"面板如图16.94所示。

图16.93 继续输入文字　　　　　图16.94 "图层"面板

Tips 提示1

本步骤中为了方便图层的管理,在此将制作文字的图层选中,按Ctrl+G键执行"图层编组"操作得到"组1",并将其重命名为"书名"。在下面的操作中,笔者也对各部分进行了编组的操作,在步骤中不再叙述。

Tips 提示2

在本步骤操作过程中,笔者没有给出图像的颜色值,读者可依自己的审美进行颜色搭配。在下面的操作中,笔者不再做颜色的提示。下面制作其他相关说明文字。

⑨ 按照第7步的操作方法,应用文字工具 **T** 制作正封中的其他相关文字信息,如图16.95所示。"图层"面板如图16.96所示。

图16.95 制作其他文字图像　　图16.96 "图层"面板

Tips 提示

本步骤中设置了文字图层"PARIS WAITS FOR YOU"的不透明度为50%。下面制作部分文字的透视效果。

⑩ 选择文字图层"最触动内心的超人气",在其图层名称上单击右键,在弹出的快捷菜单中选择"转换为智能对象"命令,从而将其转换成为智能对象图层。在后面将对该图层中的图像进行透视操作,而智能对象图层则可以记录下所有的透视参数,以便于我们进行反复的调整。

⑪ 按Ctrl+T键调出自由变换控制框,在控制框内单击右键,在弹出的菜单中选择"透视"命令,向下拖动左上角的控制句柄,使文字具有一种由细至粗的透视效果,如图16.97所示,按Enter键确认操作。

⑫ 按照第⑩、⑪步的操作方法,利用变换中的"透视"功能,制作右下角文字"限量版时尚精美书签"的透视效果,如图16.98所示。

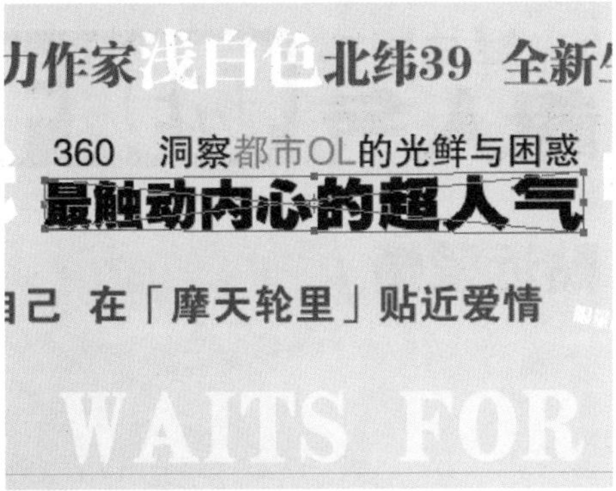

图16.97 变换状态　　　图16.98 制作右下角文字的透视效果

提示

下面结合形状工具、路径、渐变填充以及图层蒙版等功能，制作部分文字下方的图形，以突出重点文字。

⑬ 选择组"书名"作为当前的操作对象，设置前景色的颜色值为040301，选择矩形工具□，在工具选项条上选择"形状"选项，在文字"穷忙时代"下绘制矩形，如图16.99所示。同时得到"形状1"。

⑭ 复制"形状1"得到"形状1副本"，按住Shift键，使用移动工具向右移动图像至文字"畅销书"下，如图16.100所示。

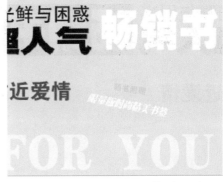

图16.99 绘制形状 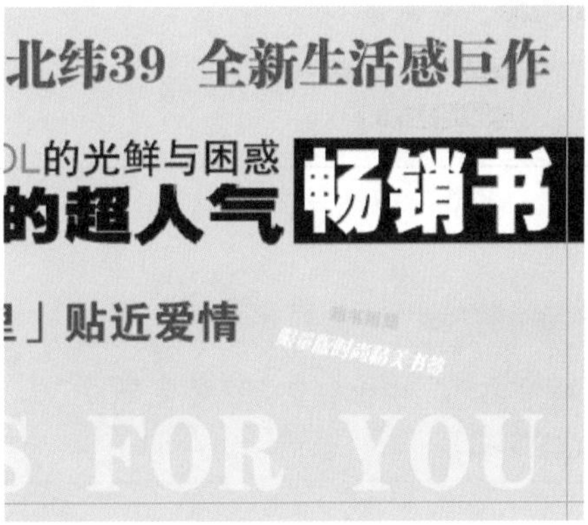　　　图16.100 复制及移动图像

⑮ 选择"形状1副本"矢量蒙版缩览图使其路径处于未选中的状态，设置前景色的颜色值为969d9b，选择钢笔工具，在其工具选项条上选择"形状"选项，在正封的右下角绘制如图16.101所示的形状，得到"形状2"。

⑯ 确认"形状2"矢量蒙版缩览图处于选中的状态，切换至"路径"面板，双击"形状2矢量蒙版"路径名称，以将此路径存储为"路径1"。使用路径选择工具调整"路径1"的位置，如图16.102所示。

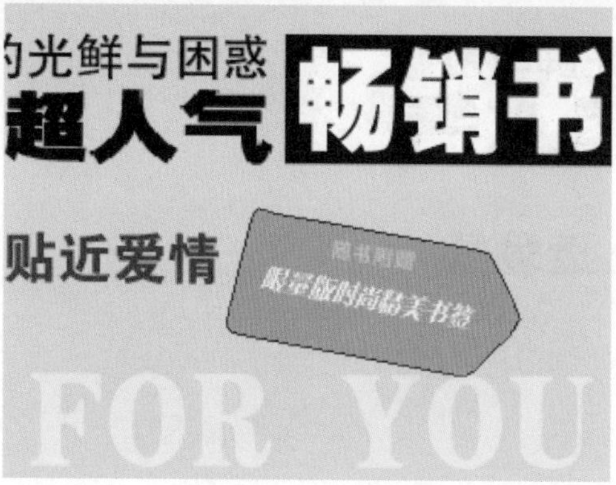

图16.101 绘制形状

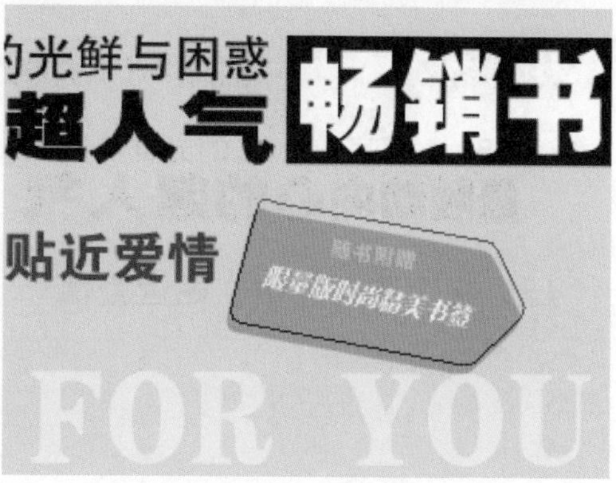

图16.102 调整路径的位置

17 切换回“图层”面板，单击创建新的填充或调整图层按钮，在弹出的菜单中选择“渐变”命令，设置弹出的对话框如图16.103所示，得到如图16.104所示的效果，同时得到图层“渐变填充2”。

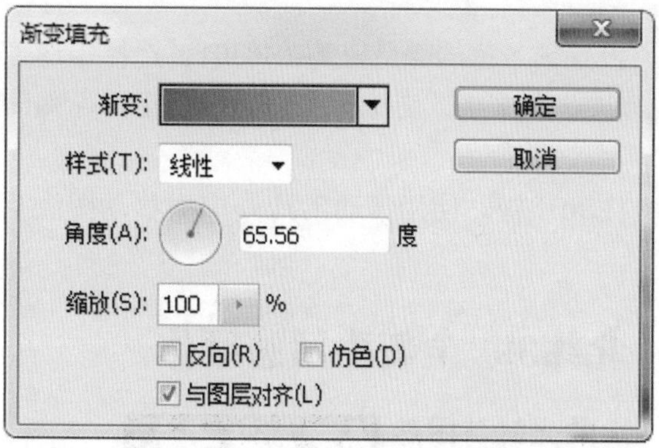

图16.103 “渐变填充”对话框

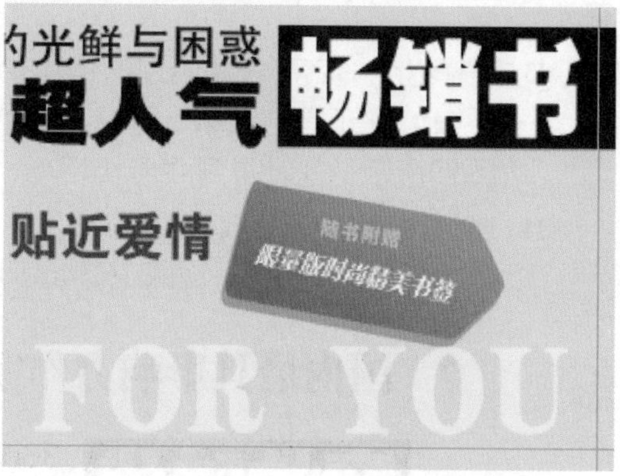

图16.104 应用“渐变填充”后的效果

Tips 提示

在“渐变填充”对话框中，渐变类型为“从3d755c到859d87”。下面利用图层蒙版的功能，制作书签孔。

18 单击“添加图层蒙版”按钮为“渐变填充2”添加蒙版，设置前景色为黑色，选择画笔工具，在其工具选项条中设置适当的画笔大小及硬度，在图层蒙版中单击，以将右端的部分图像隐藏起来，直至得到如图16.105所示的效果。

19 按住Alt键将“渐变填充2”的图层蒙版拖至“形状2”图层名称上以复制蒙版，此时图像状态如图16.106所示。

图16.105 添加蒙版后的效果　　　　　　图16.106 复制蒙版后的效果

下面结合路径及描边路径等功能，制作书签上的线图像。

⑳ 选择钢笔工具 ✐，在其工具选项条上选择"路径"选项，在书签孔处绘制如图16.107所示的路径，新建"图层3"，设置前景色为白色，选择画笔工具 ✐，并在其工具选项条中设置画笔为"柔角2像素"，不透明度为100%。切换至"路径"面板，单击"用画笔描边路径"按钮 ◎，隐藏路径后的效果如图16.108所示。

图16.107 绘制路径　　　　　　　　图16.108 描边后的效果

㉑ 切换回"图层"面板，按照第⑱步的操作方法为"图层3"添加蒙版，应用画笔工具 ✐在蒙版中进行涂抹，以制作线穿过孔的效果，如图16.109所示。"图层"面板如图16.110所示。

图16.109 添加蒙版后的效果　　图16.110 "图层"面板

㉒ 根据前面所讲解的操作方法，结合文字工具 **T**、复制图层以及图层蒙版等功能，制作书脊及封底中的图像，如图16.111所示。"图层"面板如图16.112所示。

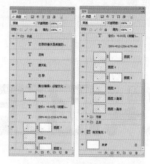

图16.111 制作书脊及封底图像　　　　图16.112 "图层"面板

㉓ 单击"创建新的填充或调整图层"按钮 ，在弹出的菜单中选择"色彩平衡"命令，得到图层"色彩平衡1"，设置弹出的面板如图16.113所示，得到如图16.114所示的最终效果。"图层"面板如图16.115所示。

图16.113 "色彩平衡"面板　　　图16.114 最终效果　　　图16.115 "图层"面板

16.5 炫酷街舞视觉表现

例前导读

本例是以炫酷街舞为主题的视觉表现作品。在制作的过程中，主要以处理人物腿部的火图像为核心内容。在处理火时，重点把握的是火的形态、质感，使其到达一种形象、逼真的效果，同时与各种光线组合，在视觉上具有较强的冲击力。

核心技术

使用变换工具调整对象大小及角度

使用图层蒙版隐藏图像

使用画笔工具 绘图并编辑图层蒙版

使用混合模式融合图像

使用"动感模糊"滤镜增加图像的动感效果

使用钢笔工具 绘制路径并进行路径描边处理

使用渐变填充图层为路径填充内容

使用"盖印"操作合并多个图层

使用锐化滤镜显示更多图像细节

① 打开随书所附光盘中的文件"第16章\16.5\素材1.psd"，如图16.116所示。此时的"图层"面板如图16.117所示。

图16.116 素材图像

图16.117 "图层"面板

Tips 提示

本步骤中笔者是以组的形式给的素材，由于并非本例讲解的重点，读者可以参考最终效果源文件进行参数设置，展开组即可观看到操作的过程。在制作的过程中，主要结合了调整图层、蒙版以及图层属性等功能。下面制作人物腿部的火图像。

② 选择组"人物"作为当前的操作对象，打开随书所附光盘中的文件"第16章\16.5\素材2.psd"，如图16.118所示。使用移动工具 ▶┿ 将其拖至上一步打开的文件中，得到"图层1"。在此图层的名称上单击右键，在弹出的菜单中选择"转换为智能对象"命令，从而将其转换成为智能对象图层。

Tips 提示

> 转换为智能对象图层的目的是，在后面将对"图层1"图层中的图像进行变形操作，而智能对象图层则可以记录下所有的变形参数，以便于我们进行反复的调整。在下面的操作中，对执行变形操作的图层也转换成了智能对象图层，笔者不再做相关的提示。

③ 设置"图层1"的混合模式为"滤色"，按Ctrl+T键调出自由变换控制框，按Alt+Shift键向内拖动右上角的控制句柄以等比例缩小图像，并移至人物的腿部，然后顺时针旋转图像的角度，状态如图16.119所示。在控制框内单击右键，在弹出的快捷菜单中选择"变形"命令，在控制区域内拖动，使火形与腿部的形状相吻合，如图16.120所示。按Enter键确认操作，此时图像状态如图16.121所示。

  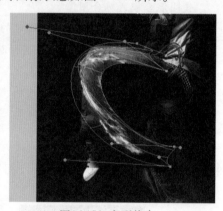

图16.118 素材图像　　图16.119 变换状态　　　　　图16.120 变形状态

④ 单击"添加图层蒙版"按钮 ▢ 为"图层1"添加蒙版，设置前景色为黑色，选择画笔工具 ✐，在其工具选项条中设置适当的画笔大小及不透明度，在图层蒙版中进行涂抹，以将右侧及下方的图像隐藏起来，直至得到如图16.122所示的效果，此时蒙版中的状态如图16.123所示。

图16.121 变形后的图像效果　　图16.122 添加图层蒙版后的效果　　图16.123 蒙版中的状态

⑤ 按照第②~④步的操作方法，利用随书所附光盘中的文件"第16章\16.5\素材3.psd"，结合图层属性、变形以及图层蒙版等功能，继续制作人物腿部的火图像，如图16.124所示。同时得到"图层2"。

> **提示**
>
> 本步中设置"图层2"的混合模式为"滤色"；对于变形的状态，读者可以将对应的图层的图层蒙版先暂时删除，然后按Ctrl+T键调出控制框，在控制框内单击右键，然后选择"变形"命令即可查看。

⑥ 复制"图层2"得到"图层2副本"，将副本图层的图层蒙版删除，然后调整位置，再对变形的状态进行调节，如图16.125所示，按Enter键确认操作。按照第4步的操作方法再次为"图层2副本"添加蒙版，应用画笔工具 ✐ 在蒙版中进行涂抹，以将上方的图像隐藏，如图16.126所示。"图层"面板如图16.127所示。

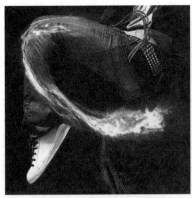
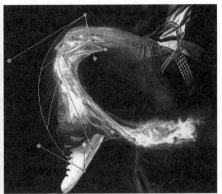

图16.124 继续制作火图像　　　图16.125 变形状态

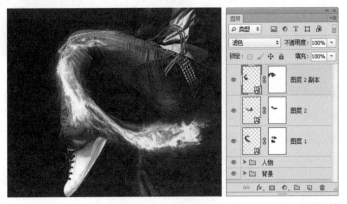

图16.126 添加图层蒙版后的效果　　图16.127 "图层"面板

⑦ 按照第⑤~⑥步的操作方法，利用随书所附光盘中的文件"第16章\16.5\素材4.psd"，结合图层属性、变形、图层蒙版以及复制图层等功能，为腿部添加火图像，如图16.128所示。同时得到"图层3"和"图层3副本"。如图16.129所示为隐藏"图层1"~"图层2副本"时的图像状态。

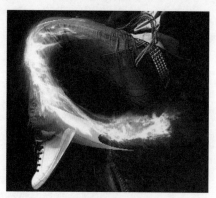

图16.128 添加火图像

图16.129 隐藏部分图层时的图像状态

提示

本步骤中设置了"图层3"和"图层3副本"的混合模式为"滤色"。此时，观看右下方的火图像显得有些生硬，不具备火的柔性，下面将对此问题进行处理。

⑧ 选择"图层3副本"作为当前的工作层，执行"滤镜"|"模糊"|"动感模糊"命令，设置弹出的对话框如图16.130所示，得到如图16.131所示的效果。

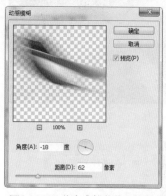

图16.130 "动感模糊"对话框

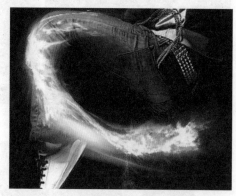

图16.131 应用"动感模糊"后的效果

⑨ 选择智能蒙版缩览图，设置前景色为黑色，选择画笔工具 ✎，在其工具选项条中设置适当的画笔大小及不透明度，在智能蒙版中进行涂抹，以将鞋后跟的模糊效果隐藏，得到的效果如图16.132所示。

提示

至此，腿部的火图像已制作完成。下面继续制作火尾图像。

⑩ 选择组"人物"作为当前的工作层，利用随书所附光盘中的文件"第16章\16.5\素材5.psd"，结合图层属性、变性、图层蒙版以及滤镜（动感模糊）等功能，制作火尾图像（图16.133），同时得到"图层4"。此时的"图层"面板如图16.134所示。

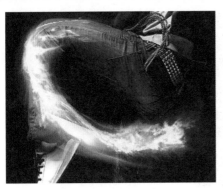
图16.132 编辑蒙版后的效果

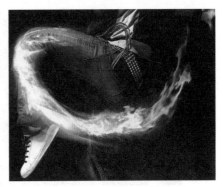
图16.133 制作火尾图像

Tips 提示

本步骤中设置了"图层4"的混合模式为"滤色"。关于"动感模糊"对话框中的参数设置如图13.135所示。

图16.134 "图层"面板

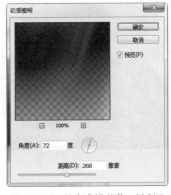
图16.135 "动感模糊"对话框

⑪ 在"图层4"图层名称上单击右键,在弹出的菜单中选择"删格化图层"命令,以便于对火尾进行编辑处理。选择"图层4"图层缩览图,选择涂抹工具 🖑,在其工具选项条中设置画笔为"柔角15像素"、强度为50%,然后在火尾图像上进行拖动,直至得到如图16.136所示的效果。

Tips 提示

至此,火尾已制作完成。下面利用调整图层的功能调整火的饱和度。

⑫ 选择"图层 3 副本"作为当前的工作层,单击"创建新的填充或调整图层"按钮 🔘. ,在弹出的菜单中选择"色相/饱和度"命令,得到图层"色相/饱和度1",设置弹出的面板如图16.137所示,得到如图16.138所示的效果。"图层"面板如图16.139所示。

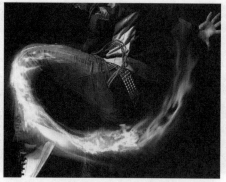

图16.136 涂抹后的效果

图16.137 "色相/饱和度"面板

图16.138 调色后的效果

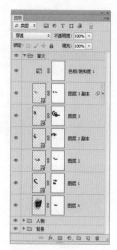

图16.139 "图层"面板

Tips 提示

本步骤中为了方便图层的管理，在此将制作火的图层选中，按 Ctrl+G 键执行"图层编组"操作得到"组1"，并将其重命名为"窜火"。在下面的操作中，笔者也对各部分进行了编组的操作，在步骤中不再叙述。下面制作人物背后的光。

⑬ 选择钢笔工具 ✐，在其工具选项条上选择"路径"选项，在人物的膝盖处绘制如图16.140所示的路径。新建"图层5"，设置前景色为白色，选择画笔工具 ✐，并在其工具选项条中设置画笔为"尖角7像素"，不透明度为100%。切换至"路径"面板，按住Alt键单击"用画笔描边路径"按钮 ○。在弹出的对话框中将"模拟压力"复选框选中，单击"确定"按钮退出对话框，隐藏路径后的效果如图16.141所示。

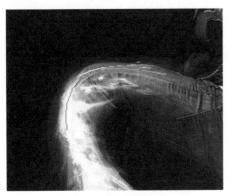

图16.140 绘制路径

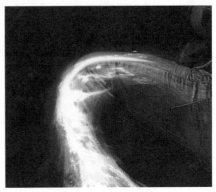

图16.141 描边后的效果

⑭ 切换回"图层"面板，将"图层5"拖至组"人物"的下方，单击"添加图层样式"按钮 *fx*，在弹出的菜单中选择"外发光"命令，设置弹出的对话框如图16.142所示，得到的效果如图16.143所示。

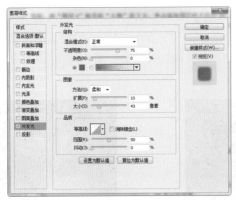

图16.142 "外发光"对话框

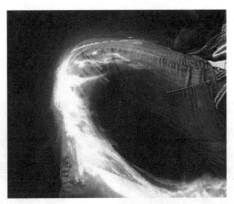

图16.143 添加图层样式后的效果

Tips 提示

在"外发光"对话框中，颜色块的颜色值为f30008。下面继续制作火光效果。

⑮ 新建"图层6"，设置前景色的颜色值为班ff0c00，背景色的颜色值为 ffc000，执行"滤镜"|"渲染"|"云彩"命令，得到类似如图16.144所示的效果。

Tips 提示

在应用"云彩"命令时，读者不必刻意追求一样的效果，因为是随机化的。

⑯ 单击"添加图层蒙版"按钮 为"图层6"添加蒙版，按D键将前景色和背景色恢复为默认的黑白色，执行"滤镜"|"渲染"|"云彩"命令，得到类似如图16.145所示的效果。

图16.144 应用"云彩"后的效果　　　图16.145 添加图层蒙版后的效果

⑰ 选择"图层6"图层蒙版缩览图，设置前景色为黑色，选择画笔工具 ✎，在其工具选项条中设置适当的画笔大小及不透明度，在图层蒙版中进行涂抹，将除右腿区域以外的图像隐藏，如图16.146所示。

⑱ 设置前景色为白色，打开随书所附光盘中的文件"第16章\16.5\素材6.abr"，在画布中单击右键，在弹出的画笔显示框中选择刚刚打开的画笔，在"图层6"蒙版中进行涂抹，以将手臂下方的部分云彩显示出来（图16.147），此时蒙版中的状态如图16.148所示。

图16.146 编辑图层蒙版后的效果1　图16.147 编辑图层蒙版后的效果2　　　　图16.148 蒙版中的状态

⑲ 选择钢笔工具 ✐，在工具选项条上选择"路径"选项，在腿下方绘制如图16.149所示的路径。单击创建新的填充或调整图层按钮 ◑ ，在弹出的菜单中选择"渐变"命令，设置弹出的对话框如图16.150所示，得到如图16.151所示的效果，同时得到图层"渐变填充1"。

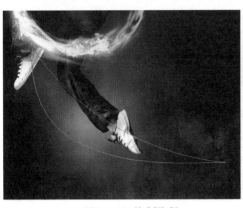

图16.149 绘制路径 　　　　　　图16.150 "渐变填充"对话框

在"渐变填充"对话框中，渐变类型为"从 f17105 到 f17105"。

⑳ 设置"渐变填充1"的混合模式为"线性减淡（添加）"，不透明度为35%，以混合图像，得到的效果如图16.152所示。然后按照第④步的操作方法为"渐变填充1"添加蒙版，应用画笔工具 ✎ 在蒙版中进行涂抹，以将两侧的图像渐隐，得到的效果如图16.153所示。

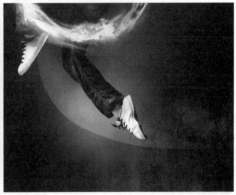

图16.151 应用"渐变填充"后的效果 　　　图16.152 设置图层属性后的效果

㉑ 根据前面所讲解的操作方法，结合复制图层、图层属性、图层蒙版以及滤镜等功能，添加人物身后的光效果，如图16.154所示。如图16.155所示为隐藏组"人物"及"窜火"时的图像状态。"图层"面板如图16.156所示。

图16.153 添加图层蒙版后的效果　　　　图16.154 制作人物身后的光效果

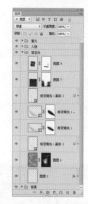

图16.155 隐藏部分组时的图像状态　　　图16.156 "图层"面板

Tips 提示

关于制作本步骤中的参数设置请参考最终效果源文件。应用到的素材为随书所附光盘中的文件"第 16 章 \16.5\ 素材 7.psd、素材 8.psd"。下面制作光线及及装饰图像。

㉒ 选择组"窜火"作为当前的工作层，根据前面所讲解的操作方法，结合路径、描边路径、动感模糊、渐变填充、图层蒙版、图层属性以及画笔工具 等功能，制作人物上方的光线效果，如图16.157所示。如图16.158所示为单独显示本步骤及组"背景"时的图像状态。"图层"面板如图16.159所示。

图16.157 制作人物上方的光线效果　　　图16.158 单独显示光线及组"背景"时的图像状态

图16.159 "图层"面板

在制作本步骤中的白色散点时，应用到的画笔为随书所附光盘中的文件"第16章\16.5\素材9.abr"。关于其他的参数设置请参考最终效果源文件。下面结合盖印及锐化功能对图像的细节进行处理。

㉓ 按Ctrl+Alt+Shift+E键执行"盖印"操作，从而将当前所有可见的图像合并至一个新图层中，得到"图层9"。执行"滤镜"|"锐化"|"USM锐化"命令，设置弹出的对话框如图16.160所示，得到如图16.161所示的最终效果。"图层"面板如图16.162所示。

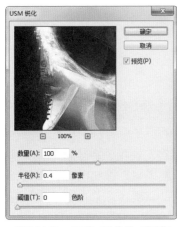

图16.160 "USM锐化"对话框　　图16.161 最终效果　　图16.162 "图层"面板

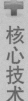

16.6 多彩手机视觉表现

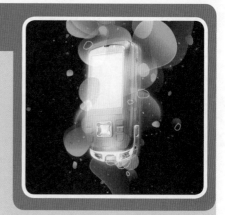

例前导读

　　本例主要是以多彩手机为主题的视觉表现作品。在制作的过程中，主要以处理手机前方、后面以及周围的光斑效果为核心内容。在色彩表现方面，主要以蓝色为主色调，以突出主题手机图像。另外，手机附近的各种小彩点也起着很好的装饰效果。

核心技术

使用钢笔工具绘制路径

使用渐变填充图层为路径填充内容

使用图层蒙版隐藏多余图像内容

使用画笔工具绘图并编辑图层蒙版

使用图层样式为图像增加发光效果

使用画笔工具绘制散点装饰图像

使用"盖印"操作合并多个图层

使用锐化滤镜显示更多图像细节

① 打开"素材1.psd"，如图16.163所示。

Tips 提示

　　本步骤打开的文件中，其中手机图像是以组的形式给出的，由于操作比较简单，在此没有一一讲解其制作过程，读者可以打开最终效果源文件展开组即可观看到制作的过程。下面制作手机前方的光斑效果。

② 选择钢笔工具，并在其工具选项条中选择"路径"选项，在手机的左下方绘制路径，如图16.164所示。单击"创建新的填充或调整图层"按钮，在弹出的菜单中选择"渐变"命令，设置弹出的对话框如图16.165所示，单击"确定"按钮退出对话框，隐藏路径后的如图16.166所示，同时得到图层"渐变填充1"。

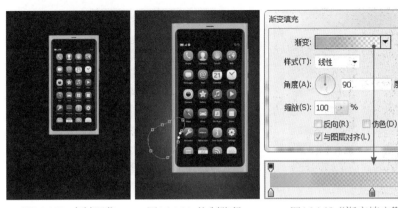

图16.163 素材图像　　　图16.164 绘制路径　　　图16.165 "渐变填充"对话框

③ 复制"渐变填充1"得到"渐变填充1副本"，按Ctrl+T键调出自由变换控制框，向外拖动控制句柄以放大图像及移动位置，按Enter键确认操作。得到的效果如图16.167所示。

④ 单击"添加图层蒙版"按钮 ▣ 为"渐变填充1副本"添加蒙版，设置前景色为黑色，选择画笔工具 ✐，在其工具选项条中设置适当的画笔大小及不透明度，在图层蒙版中进行涂抹，以将下方部分图像隐藏起来，直至得到如图16.168所示的效果。

图16.166 应用"渐变填充"后的效果　　　图16.167 复制及调整图像　　　图16.168 添加图层蒙版后的效果

⑤ 按照步骤②的操作方法，结合路径以及"渐变填充"图层的功能，制作手机右侧的红色渐变效果，如图16.169所示。同时得到"渐变填充2"。设置当前图层的混合模式为"滤色"，以混合图像，得到的效果如图16.170所示。

图16.169 制作红色渐变　　　　图16.170 设置混合模式后的效果

Tips 提示

本步骤中关于"渐变填充"对话框中的参数设置请参考最终效果源文件。在后面的操作中，会多次应用到渐变填充图层的功能，不再做相关的提示。

6 单击"添加图层样式"按钮 **fx.**，在弹出的菜单中选择"外发光"命令，设置弹出的对话框如图16.171所示，然后在"图层样式"对话框中继续选择"内发光"、"混合选项（自定）"选项，分别设置它们的对话框如图16.172和图16.173所示，得到如图16.174所示的效果。

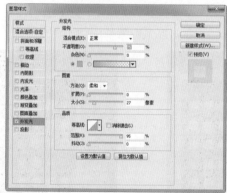 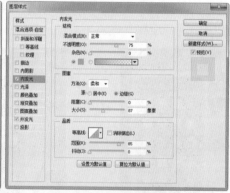

图16.171 "外发光"对话框　　　　图16.172 "内发光"对话框

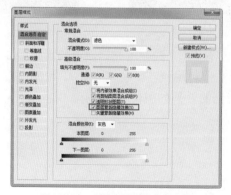 

图16.173 "混合选项"对话框　　　　图16.174 添加图层样式后的效果

Tips 提示1

在"外发光"对话框中，颜色块的颜色值为 02bbff；在"内发光"对话框中，颜色块的颜色值为 1ba4f5。

Tips 提示2

在设置"混合选项（自定）"对话框时，勾选"图层蒙版隐藏效果"是为了在后面操作时可以将图层样式产生的效果使用蒙版隐藏。

⑦ 按照步骤④的操作方法为"渐变填充2"添加蒙版，应用画笔工具 ✎ 在蒙版中进行涂抹，以将左侧及下方的图像隐藏起来，得到的效果如图16.175所示。

⑧ 根据前面所讲解的操作方法，结合路径、填充图层、图层样式、图层蒙版、图层属性以及复制图层等功能，制作其他光斑效果，如图16.176所示。

图16.175 添加图层蒙版后的效果　　图16.176 制作其他光斑图像

Tips 提示1

本步骤中为了方便图层的管理，在此将制作手机前方的光斑的图层选中，按Ctrl+G键执行"图层编组"操作得到"组1"，并将其重命名为"大光斑点"。在下面的操作中，笔者也对各部分进行了编组的操作，在步骤中不再叙述。

Tips 提示2

本步骤中关于图层属性、图像的颜色值以及图层样式的设置请参考最终效果源文件。下面若有类似的操作，不再做相关的提示。下面制作手机后面的元素。

⑨ 选择"背景"图层作为当前的工作层，新建"图层1"，设置前景色的颜色值为e33152，打开随书所附光盘中的文件"第16章\6.6素材2.jpg"，选择画笔工具 ✎，在画布中单击右键，在弹出的画笔显示框中选择刚刚打开的画笔，在手机周围进行涂抹，得到的效果如图16.177所示。如图16.178所示为隐藏组"大光斑点"后的图像状态。

图16.177 涂抹后的效果　　　　图16.178 隐藏组"大光斑点"后的效果

⑩ 根据前面所讲解的操作方法，结合路径、填充图层、图层样式、图层蒙版以及图层
属性的功能，制作手机顶部及底部的渐变元素，如图16.179所示。如图16.180所示为
单独显示上一步至本步骤的图像状态。"图层"面板如图16.181所示。

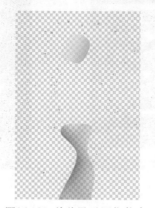

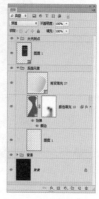

图16.179 制作顶部及底部的渐变元素　　图16.180 单独显示图像状态　　图16.181 "图层"面板

Tips 提示

至此，手机后面的元素已制作完成。下面制作手机前方的小光斑效果。

⑪ 选择组"大光斑点"，新建"图层2"，设置前景色的颜色值为 30ceff，选择画笔工
具 ，并在其工具选项条中设置适当的画笔大小及不透明度，在手机表壳上进行涂
抹，得到的效果如图16.182所示。

⑫ 设置"图层2"的混合模式为"变亮"，以混合图像，得到的效果如图16.183所示。

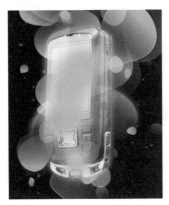
图16.182 涂抹后的效果

图16.183 设置混合模式后的效果

⑬ 根据前面所讲解的操作方法，结合"素材2.abr"画笔、画笔工具 以及复制图层的功能，制作手机附近的小光斑效果，如图16.184所示。如图16.185所示为单独显示第⑪~⑬步的图像状态，"图层"面板如图16.186所示。

图16.184 制作小光斑效果

图16.185 单独显示图像状态

图16.186 "图层"面板

Tips 提示

至此，多彩效果的手机已基本制作完成。下面对整体效果的美化进行适当调整。

⑭ 按Ctrl+Alt+Shift+E键执行"盖印"操作，从而将当前所有可见的图像合并至一个新图层中，得到"图层3"。执行"滤镜"|"模糊"|"高斯模糊"命令，在弹出的对话框中设置"半径"数值为2，得到如图16.187所示的效果。

⑮ 设置"图层3"的混合模式为"滤色"，不透明度为28%，以混合图像，得到的效果如图16.188所示。复制"图层3"得到"图层3副本"，更改副本图层的混合模式为"柔光"，得到的效果如图16.189所示。

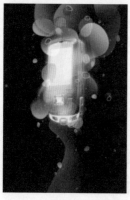

图16.187 模糊后的效果

图16.188 设置图层属性后的效果

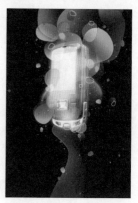

图16.189 复制及更改图层
属性后的效果

16 按Ctrl+Alt+Shift+E键执行"盖印"操作,从而将当前所有可见的图像合并至一个新图层中,得到"图层4"。执行"滤镜"|"锐化"|"USM锐化"命令,设置弹出的对话框如图16.190所示,如图16.191所示为应用"USM锐化"前后的效果对比。

图16.190 "USM锐化"对话框

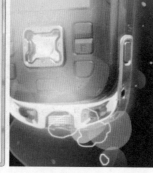

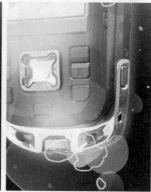

图16.191 锐化前后的效果对比

17 至此,完成本例的操作,最终效果如图16.192所示。"图层"面板如图16.193所示。

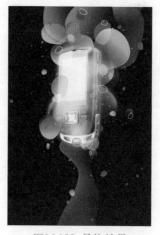

图16.192 最终效果

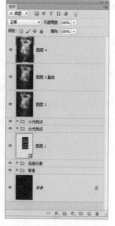

图16.193 "图层"面板

16.7 "普恩"汽车招贴设计

例前导读

　　本案例宣传的汽车定位于社会中产阶层。这一阶层的人大多是男性，他们事业有成、年近不惑，是社会的中流砥柱。设计师为此汽车设计了极具气势的广告语"霸气天成 震撼登场"，整个广告被设计为一种神秘而大气的"舞台"效果，追光灯聚焦的就是舞台的主角——普恩汽车，广告中大地也为之变色，天空也为之换颜，这种强烈的心理暗示，使每一个消费者都会将自己想象成为汽车的主人，同样受到尊崇，使其产生对该汽车的预期。

核心技术

　　结合添加图层蒙版功能隐藏不需要的图像。

　　应用"色彩平衡"命令调整图像的色彩。

　　利用创建剪贴蒙版功能限制图像的显示范围。

　　应用钢笔工具 ✐ 绘制路径。

　　应用"羽化"命令得到柔和的边缘效果。

　　利用图层样式功能中的混合颜色带制作透明的图像效果。

　　通过设置"画笔"面板中的参数得到特殊的画笔效果。

　　应用"外发光"图层样式制作图像的发光效果。

① 打开随书所附光盘中的文件"第16章\16.7-素材1.psd"，如图16.194所示。将其作为本例的"背景"图层。

> **Tips 提示**
>
> 下面利用素材图像，结合添加图层蒙版以及调整图层功能制作主题汽车图像。

② 打开随书所附光盘中的文件"第16章\16.7-素材2.psd"，使用移动工具 ▸ 将其拖至刚才制作的文件中，得到"图层1"。按Ctrl+T键调出自由变换控制框，按住Shift键向内拖动控制句柄以缩小图像及移动位置，按Enter键确认操作，得到的效果如图16.195所示。

图16.194 素材图像

图16.195 调整图像

③ 选择钢笔工具 ✐，在工具选项条上选择"路径"选项，将汽车图像的轮廓勾画出来，如图16.196所示。按Ctrl+Enter键将路径转换为选区，单击"添加图层蒙版"按钮 ▣ 为"图层1"添加蒙版，得到的效果如图16.197所示。

图16.196 绘制路径

图16.197 添加图层蒙版后的效果

④ 调整汽车图像的色彩。单击"创建新的填充或调整图层"按钮 ◑，在弹出的菜单中选择"色彩平衡"命令，得到"色彩平衡1"图层，按Ctrl+Alt+G键执行"创建剪贴蒙版"操作，分别按图16.198和图16.199所示设置各参数，得到如图16.200所示的效果。

⑤ 制作汽车图像的投影效果。选择钢笔工具 ✐，在其工具选项条上选择"路径"选项，在汽车图像底部绘制如图16.201所示的路径。

图16.198 "阴影"选项

图16.199 "中间调"选项

图16.200 应用"色彩平衡"后的效果

图16.201 绘制路径

⑥ 设置前景色为黑色，选择"背景"图层，新建"图层2"，按Ctrl+Enter键将路径转换为选区，按Shift+F6键应用"羽化"命令，在弹出的对话框中设置"羽化半径"为1，单击"确定"按钮。按Alt+Delete键填充前景色，按Ctrl+D键取消选区，得到图16.202所示的效果。

⑦ 单击"添加图层蒙版"按钮 ◻ ，为"图层2"添加蒙版，设置前景色为黑色。选择画笔工具 ✐ ，在其工具选项条中设置适当的画笔大小及不透明度。在图层蒙版中进行涂抹，以将两端图像渐隐，模拟逼真的投影效果，如图16.203所示。此时蒙版中的状态如图16.204所示。

图16.202 填充效果

图16.203 添加图层蒙版后的效果

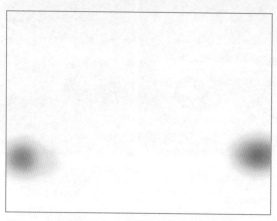

图16.204 图层蒙版中的状态

Tips 提示

至此，汽车图像已制作完成。下面制作云彩及亮光图像。

⑧ 选择"背景"图层，打开随书所附光盘中的文件"第16章\16.7-素材3.psd"，使用移动工具 ⊞ 将其拖至刚制作文件中上方位置，如图16.205所示。同时得到"图层3"。

图16.205 调整图像

⑨ 按照第⑦步的操作方法，应用画笔工具 ✎，结合添加图层蒙版的功能，将除汽车图像上方的云彩及发射光线以外的图像隐藏，如图16.206所示。此时蒙版中的状态如图16.207所示。"图层"面板如图16.208所示。

图16.206 添加图层蒙版后的效果

图16.207 图层蒙版中的状态

图16.208 "图层"面板

⑩ 下面制作光线投射到地面的效果。选择"背景"图层，打开随书所附光盘中的文件"第16章\16.7-素材4.psd"，使用移动工具 ⊹ 将其拖至刚制作文件中，得到"图层4"。结合自由变换控制框调整图像的大小、角度（+44°）及位置，如图16.209所示。

图16.209 调整图像

⑪ 双击"图层4"图层缩览图，在弹出的"图层样式"对话框中，调整"混合颜色带"的参数，如图16.210所示。得到如图16.211所示的效果。

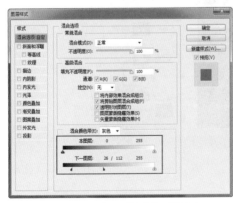
图16.210 "图层样式"对话框

图16.211 调整混合颜色带后的效果

Tips 提示

在"图层样式"对话框中下方"混合颜色带"中，按住Alt键可以分开小滑块。

⑫ 按照第⑦步的操作方法，应用画笔工具 ，结合添加图层蒙版的功能，将除汽车下方亮光以外的图像隐藏，如图16.212所示。

图16.212 添加图层蒙版后的效果

⑬ 调整地面亮度的色彩。按照第④步的操作方法，创建"色彩平衡"调整图层，执行创建剪贴蒙版的操作，设置其面板（图16.213、图16.214），得到的效果如图16.215所示。"图层"面板如图16.216所示。

图16.213 "中间调"选项　　　图16.214 "高光"选项

图16.215 应用"色彩平衡"后的效果　图16.216 "图层"面板

Tips 提示

至此，云彩及亮光图像已制作完成。下面进一步强化天空中的光线效果。

⑭ 选择画笔工具 ✎，打开随书所附光盘中的"第16章\16.7-素材5.abr"，在画布中单击右键，在弹出的画笔显示框中选择刚刚打开的画笔（一般在最后）。选择"色彩平衡1"，设置前景色为白色，新建"图层5"，在天空上方单击，得到的效果如图16.217所示。

⑮ 按照第 ⑦ 步的操作方法，应用画笔工具 ✎，结合添加图层蒙版的功能，以将部分图像隐藏，制作从云彩中透射的光线效果，如图16.218所示。

图16.217 应用画笔单击后的效果　　图16.218 添加图层蒙版后的效果

⑯ 复制"图层5"得到"图层5副本"，单击"添加图层样式"按钮 fx.，在弹出的菜单中选择"外发光"命令，设置弹出的对话框如图16.219所示，得到如图16.220所示的效果。

图16.219 "图层样式"对话框"外发光"选项　　图16.220 添加图层样式后的效果

Tips 提示

在"外发光"对话框中，颜色块的颜色值为#6cebff。下面制作文字及标志图像，完成制作。

⑰ 打开随书所附光盘中的文件"第16章\16.7-素材6.psd"，使用移动工具 ⊕ 将其拖至刚制作文件中，并分布在文件的右上方及下方，如图16.221所示，同时得到图层"文字及标志"。"图层"面板如图16.222所示。

本步骤中是以智能对象的形式来添加素材，由于其操作非常简单，在叙述上略显繁琐，读者可以参考最终效果源文件进行参数设置。双击智能对象缩览图即可观看操作的过程，智能对象控制框的操作方法与普通的自由变换控制框相同。

图16.221 最终效果　　　　　　图16.222 "图层"面板

16.8 汽车魅力主题广告

例前导读

考虑到此汽车定位于大中城市的时尚成功人士，此类车主更注重生活的品质，钟爱以车为工具，享受旅行、游玩等休闲方式。设计师以此为切入点，设计了一款以体现时尚、休闲为主的汽车广告，画面以简约的图形为主，配合浪花、椰树、凉伞、花纹等元素，并让汽车主体置身于其中，辅以清爽、明快的色彩，充分表现出了该汽车的诉求点。

核心技术

应用调整图层功能调整图像的亮度、对比度等效果

利用剪贴蒙版限制图像的显示范围

利用变换功能调整图像的大小、角度及位置等

通过设置图层属性融合图像

应用画笔工具 ✍ 绘制图像

应用添加蒙版功能隐藏不需要的图像

使用钢笔工具 ✍ 绘制路径

应用"描边"图层样式制作图像的描边效果

应用"颜色叠加"图层样式为图像叠加颜色

按Ctrl+N键新建一个文件，设置弹出的对话框如图16.223所示，单击"确定"按钮，以创建一个新的空白文件，设置前景色为#f1ebdf，按Alt+Delete键以前景色填充"背景"图层。

Tips 提示

首先，利用素材图像，利用调整图层功能调整主题图像——汽车。

② 打开随书所附光盘中的文件"第16章\16.8-素材1.psd"，使用移动工具 将其拖至刚制作文件中，得到"图层1"。按Ctrl+T键调出自由变换控制框，按住Shift键向内拖动控制句柄以缩小图像及移动位置，按Enter键确认操作，得到的效果如图16.224所示。

图16.223 "新建"对话框　　　　　图16.224 调整图像

③ 调整汽车图像的亮度。单击"创建新的填充或调整图层"按钮 ，在弹出的菜单中选择"亮度/对比度"命令，得到调整图层"亮度/对比度1"，按Ctrl+Alt+G键执行"创建剪贴蒙版"操作，设置面板中的参数如图16.225所示，得到如图16.226所示的效果。

图16.225 "亮度/对比度"面板　　　　　图16.226 应用"亮度/对比度"后的效果

④ 调整汽车图像的对比度。单击"创建新的填充或调整图层"按钮 ，在弹出的菜单中选择"曲线"命令，得到调整图层"曲线1"，按Ctrl+Alt+G键执行"创建剪贴蒙版"操作，设置面板中的参数如图16.227所示，得到如图16.228所示的效果。

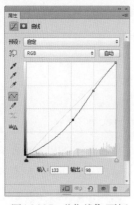

图16.227 "曲线"面板

图16.228 应用"曲线"后的效果

⑤ 制作汽车的投影效果。选择"背景"图层，新建"图层2"，设置前景色为黑色，选择画笔工具 ✐，并在其工具选项条中设置适当的画笔大小及不透明度，在汽车图像的底部进行涂抹，如图16.229所示。图16.230为单独显示涂抹的状态。设置当前图层的不透明度为80%，得到的效果如图16.231所示。

图16.229 涂抹效果

图16.230 单独显示涂抹的状态

图16.231 设置不透明度后的效果

⑥ 选中"图层2"~"曲线1"，按Ctrl+G键执行"图层编组"的操作，得到"组1"，并将其重命名为"汽车"。"图层"面板如图16.232所示。

 提示

为了方便对图层的管理，在这一步中对制作汽车的图层进行了编组操作。在后续步骤中，也需要对各部分进行编组的操作，具体方法不再叙述。下面制作汽车后的装饰图像。

图16.232 "图层"面板

(7) 首先制作云彩图像，选择"背景"图层，打开随书所附光盘中的文件"第16章\16.8-素材2.psd"，使用移动工具 ⊕ 将其拖至刚制作的文件中，得到"图层3"。结合自由变换控制框调整图像的大小，并移至汽车图像的上方，如图16.233所示。

(8) 制作图像的描边效果。单击"添加图层样式"按钮 fx，在弹出的菜单中选择"描边"命令，设置弹出的对话框如图16.234所示，得到如图16.235所示的效果。

图16.233 调整图像

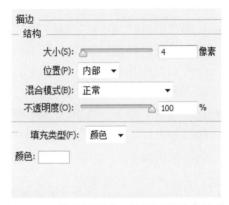

图16.234 "图层样式"对话框"描边"选项

图16.235 添加图层样式后的效果

(9) 按住Alt键将"图层3"拖至所有图层上方，得到"图层3副本"。双击图层效果名称，在弹出的"描边"对话框中，更改"大小"为1像素，单击"确定"按钮。结合自由变换控制框调整图像的大小，并移至上一步得到的云彩图像的下方，如图16.236所示。

至此，云彩图像已制作完成。下面制作线条图像。

⑩ 打开随书所附光盘中的文件"第16章\16.8-素材3.psd"，使用移动工具 将其拖至刚制作文件中，得到"图层4"。结合自由变换控制框调整图像的角度（逆时针170°），并移至汽车图像的右侧，如图16.237所示。

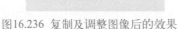

图16.236 复制及调整图像后的效果　　　图16.237 调整图像

⑪ 复制"图层4"得到"图层4副本"，按Ctrl+T键调出自由变换控制框，进行水平翻转，并顺时针旋转10°，移至汽车的左侧，接着在控制框内单击右键，在弹出的快捷菜单中选择"变形"命令，拖动左下方的控制句柄使图像变形，调整至如图16.238所示，按Enter键确认操作。

⑫ 选择钢笔工具 ，在其工具选项条上选择"路径"选项，在上一步得到的图像上面绘制如图16.239所示的路径，按Ctrl+Enter键将路径转换为选区，单击"添加图层蒙版"按钮 为"图层4副本"添加蒙版，得到的效果如图16.240所示。

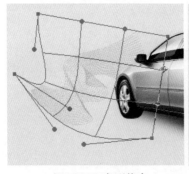

图16.238 变形状态　　　图16.239 绘制路径　　　图16.240 添加图层蒙版后的效果

⑬ 改变图像的颜色。单击"添加图层样式"按钮 ，在弹出的菜单中选择"颜色叠加"命令，设置弹出的对话框如图16.241所示，得到如图16.242所示的效果。

在"颜色叠加"对话框中，颜色块的颜色值#39ccf9。

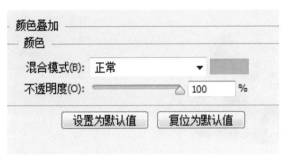

图16.241 "图层样式"对话框"颜色叠加"选项

图16.242 添加图层样式后的效果

⑭ 应用素材图像，结合移动工具 ，、变换及复制图层等功能，制作汽车图像周围的其他装饰图像，如图16.243所示。"图层"面板如图16.244所示。

图16.243 制作其他装饰图像

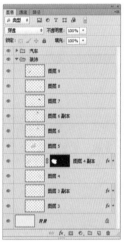

图16.244 "图层"面板

Tips 提示

本步骤所应用的素材图像为随书所附光盘中的文件"第16章\16.8-素材4.psd～素材8.psd"。至此，汽车周围的装饰图像已制作完成。下面制作车前的光照效果以及其他小修饰图像。

⑮ 选择组"装饰"，新建"图层10"，设置前景色为#fdf388，选择画笔工具 ，并在其工具选项条中设置适当的画笔大小及不透明度。在车前方树叶处涂抹，以制作车灯照射的效果，如图16.245所示。

⑯ 选择组"汽车"，打开随书所附光盘中的文件"第16章\16.8-素材9.psd"，使用移动工具 将其拖至刚制作文件中，并分布在文件的上下方，得到最终效果如图16.246所示。同时得到"图层11"。"图层"面板如图16.247所示。

图16.245 涂抹效果　　　　图16.246 最终效果　　　　图16.247 "图层"面板

Tips 提示

本步骤是以智能对象的形式添加的素材。所应用的画笔素材可参考随书所附光盘中的文件"第16章\16.8-素材10.abr"。打开及选择画笔素材的方法为：选择画笔工具，像打开正常的素材文件一样打开画笔素材，然后在画布中单击右键，在弹出的画笔显示框中选择刚刚打开的画笔（一般在最后）即可。

16.9 汽车风暴视觉表现

例前导读

本例是以汽车风暴为主题的视觉表现作品。在制作的过程中，以一辆穿梭在城市中的橙色汽车为处理的核心，其周围精美的线条、飞扬的飘丝带，均起着很好的装饰作用。另外，画面中立体文字的制作也是本例要学习的重点，希望读者在实际操作中能够深刻体会。

核心技术

结合滤镜及特殊画笔等功能，制作特殊的图像效果
使用"变形"命令使图像变形
通过"添加图层蒙版"隐藏不需要的图像
应用调整图层的功能调整图像的色彩及亮度
应用"钢笔工具"绘制路径
利用"斜面和浮雕"命令制作图像的浮雕效果
应用形状工具绘制形状
结合路径及渐变填充图层的功能制作图像渐变效果

16.9.1 第一部分 制作背景及主题

① 按Ctrl+N键新建一个文件，弹出的对话框设置如图16.248所示，单击"确定"按钮关闭对话框，以创建一个新的空白文件。设置前景色为黑色，按Alt+Delete键以前景色填充"背景"图层。

提示

下面结合滤镜及特殊画笔等功能，制作背景中的云彩图像。

② 新建"图层1"，设置前景色的颜色值为 6ac2fa、背景色的颜色值为 ffffff，执行"滤镜"|"渲染"|"云彩"命令，得到如图16.249所示的效果。

图16.248 "新建"对话框　　　　图16.249 云彩效果

提示

在应用"云彩"时，因为具有随机性的原因，读者不必刻意追求一样的效果。

③ 选择画笔工具 ，打开随书所附光盘中的文件"第16章\16.9-素材1.abr"。

④ 新建"图层2"，设置前景色为白色，选择上一步骤载入的画笔，在文件上方进行涂抹，以添加云彩图像，如图16.250所示。按照上一步骤至本步的操作方法，载入随书所附光盘中的文件"第16章\16.9-素材2.abr"，应用载入的画笔继续在文件上方进行涂抹，直至得到如图16.251所示的效果。

提示

至此，云彩图像已制作完成。下面来制作高楼图像。

⑤ 打开随书所附光盘中的文件"第16章\16.9-素材3.psd"，使用移动工具 将其拖到刚制作的文件中，得到"图层3"。在此图层的名称上右击，在弹出的菜单中选择"转换为智能对象"命令，从而将其转换为智能对象图层。

提示

转换为智能对象的目的是在后面将对"图层3"图层中的图像进行变形操作，而智能对象图层则可以记录下所有的变形参数，以便于我们进行反复的调整。

⑥ 按Ctrl+T键调出自由变换控制框，在控制框内右击，在弹出的菜单中选择"水平翻

转"命令，按住Shift键向内拖动控制句柄以缩小图像，顺时针旋转15°并移动位置。然后在控制框内右击，在弹出的菜单中选择"变形"命令，在控制区域内拖动使图像变形，如图16.252所示，按Enter键确认操作。

图16.250 涂抹效果1　　　　图16.251 涂抹效果2　　　　图16.252 变换状态

⑦ 单击"添加图层蒙版"按钮 ，为"图层3"添加蒙版，设置前景色为黑色，选择画笔工具 ，在其工具选项条中设置适当的画笔大小及不透明度，在图层蒙版中进行涂抹，以将楼房下方隐藏起来，使楼房与背景相融合，如图16.253所示。

Tips 提示

下面结合"色彩平衡"及"亮度/对比度"命令调整图像的色彩及亮度。

⑧ 执行"图层"|"新建调整图层"|"色彩平衡"命令，在弹出的对话框中选择"使用前一图层创建剪贴蒙版"选项，单击"确定"按钮关闭对话框，接下来弹出的面板设置如图16.254~图16.256所示，得到如图16.257所示的效果，同时得到图层"色彩平衡1"。

图16.253 添加蒙版后的效果　图16.254 "阴影"选项　图16.255 "中间调"选项　图16.256 "高光"选项

⑨ 按照上一步骤的操作方法，创建"亮度/对比度"调整图层，以调整图像的亮度及对比度，得到的效果如图16.258所示。

本步骤中关于"亮度/对比度"面板中的参数设置请参考最终效果源文件。在下面的操作中会多次应用到调整图层的功能，笔者不再讲解相关参数的设置。下面来制作楼体上的白色线条图像，以加强楼体的立体感。

⑩ 选择钢笔工具 ✐，并在其工具选项条上选择"路径"选项和"合并形状"选项，在楼体上绘制如图16.259所示的路径。

Tips 提示

本步骤所绘制的路径可参考"路径"面板中的"路径1"。

图16.257 调色后的效果

图16.258 调整亮度及对比度后的效果

图16.259 绘制路径

⑪ 新建"图层4"，设置前景色为白色，选择画笔工具 ✐，并在其工具选项条中设置画笔为"尖角5像素"，不透明度为100%。切换至"路径"面板，单击"用画笔描边路径"按钮 ○，隐藏路径后的效果如图16.260所示。切换回"图层"面板。

⑫ 单击"添加图层样式"按钮 *fx*，在弹出的菜单中选择"斜面和浮雕"命令，设置弹出的对话框如图16.261所示，得到的效果如图16.262所示。

图16.260 描边效果

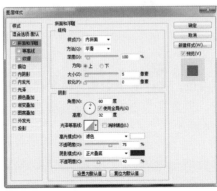

图16.261 "斜面和浮雕"对话框

图16.262 添加图层样式后的效果

Tips 提示

在"斜面和浮雕"对话框中，"阴影模式"右侧颜色块的颜色值为021d3b。

⑬ 选择"图层3"，按住Shift键选择"图层4"，以选中它们相连的图层，按Ctrl+Alt+E 键执行"盖印"操作，从而将选中图层中的图像合并至一个新图层中，并将其重命 名为"图层5"。应用自由变换控制框进行水平翻转，缩小图像并移动位置。得到的 效果如图16.263所示。

⑭ 选择"图层1"，按住Shift键选择"图层5"，以选中它们相连的图层，按Ctrl+G键 执行"图层编组"操作，得到"组1"，并将其重命名为"背景"。"图层"面板如 图16.264所示。

Tips 提示

为了方便图层的管理，在此对制作背景的图层进行编组操作，在下面也对各部分进行 了编组的操作，在步骤中不再赘述。至此，背景图像已制作完成。下面来制作主题汽 车图像。

⑮ 打开随书所附光盘中的文件"第16章\16.9-素材4.psd"，使用移动工具 ⊕ 将其拖至 刚制作的文件中，并置于文件的下方，如图16.265所示，同时得到"图层6"。

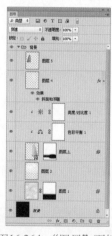

图16.263 盖印及调整图像　　　图16.264 "图层"面板　　　图16.265 摆放图像

⑯ 单击"添加图层蒙版"按钮 ▢ ，为"图层1"添加蒙版，按D键将前景色和背景色 恢复为默认的黑色和白色。选择渐变工具，并在其工具选项条中选择线性渐变工具 ▣ ，单击渐变显示框，设置渐变类型为"前景到背景"，从汽车图像的底部至上方 绘制渐变，得到的效果如图16.266所示。

Tips 提示

绘制渐变的长短与所得到的渐变效果是有一定联系的，读者可以反复尝试。

⑰ 按照本部分步骤 ⑦ 的操作方法为"图层6"添加蒙版，应用画笔工具 ✎ 在蒙版中进 行涂抹，以将底部图像渐隐，使其与背景中的黑色有种过渡感，如图16.267所示。

下面结合调整图层及编辑蒙版的功能，调整图像的色彩及亮度。

⑱ 按照本部分步骤8的操作方法创建"色彩平衡"调整图层，以调整图像的色彩，得到
的效果如图16.268所示，同时得到"色彩平衡2"。

图16.266 添加蒙版后的效果1　图16.267 添加蒙版后的效果2　图16.268 调色后的效果

⑲ 在"色彩平衡2"蒙版激活状态下，设置前景色为黑色，选择画笔工具 🖌，在其工
具选项条中设置适当的画笔大小及不透明度，在图层蒙版中进行涂抹，以将车壳以
外的色彩隐藏起来，如图16.269所示。

⑳ 按照步骤 8 的操作方法，创建"亮度/对比度"调整图层，以调整图像的亮度及对比
度，得到的效果如图16.270所示。"图层"面板如图16.271所示。

图16.269 编辑蒙版后的效果　图16.270 调整亮度及对比度后的效果　图16.271 "图层"面板

至此，主题汽车图像已制作完成。下面来制作画面中的装饰图像。

16.9.2 第二部分 制作装饰图像

① 选择组"汽车"，选择钢笔工具 🖋，在工具选项条上选择"路径"选项，在汽车图像

下方绘制如图16.272所示的路径。单击"创建新的填充或调整图层"按钮 ，在弹出的菜单中选择"渐变"命令，设置弹出的对话框如图16.273所示，隐藏路径后的效果如图16.274所示，同时得到"渐变填充1"。

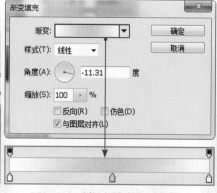

图16.272 绘制路径　　　　图16.273 "渐变填充"对话框　　　　图16.274 渐变效果

Tips 提示

在"渐变填充"对话框中，渐变类型各色标值从左至右分别为 ffffff、 ffd786和 ffffff。如果读者对本步骤所得到的渐变效果不满意，可以在未退出"渐变填充"对话框前使用移动工具 进行调整。

② 结合路径、渐变填充图层和图层蒙版的功能，制作汽车周围的渐变图像，如图16.275所示。"图层"面板如图16.276所示。

Tips 提示

本步骤中关于"渐变填充"对话框中的参数设置请参考最终效果源文件，所绘制的路径可参考"路径"面板中的"路径3"～"路径9"。下面继续添加画面中的彩图，以丰富整体图像效果。

③ 选择"渐变填充8"，设置前景色为白色，选择钢笔工具 ，并在其工具选项条上单击"形状"选项，在汽车的右下方绘制如图16.277所示的形状，得到"形状1"。

图16.275 制作其他渐变效果　　　　图16.276 "图层"面板　　　　图16.277 绘制形状

④ 设置前景色的颜色值为c703b7，选择钢笔工具 ✐ ，并在其工具选项条上选择"形状"选项和"添加到形状区域"选项，在画面中绘制如图16.278所示的形状，得到"形状2"。

Tips 提示

在这里需注意的是，完成一个形状后，如果想继续绘制另外一个不同颜色的形状，在绘制前需按Esc键使先前绘制形状的矢量蒙版缩览图处于未选中的状态。

⑤ 单击"添加图层蒙版"按钮 ▣ ，为"形状2"添加蒙版，设置前景色为黑色，选择画笔工具 ✐ ，在其工具选项条中设置适当的画笔大小及不透明度，在图层蒙版中进行涂抹，以将部分图像隐藏起来，制作渐隐效果，如图16.279所示。

Tips 提示

至此，画面中的形状图像已制作完成。下面来制作画面中的装饰图像飘丝。

⑥ 选择组"汽车"，打开随书所附光盘中的文件"第16章\16.9-素材5.psd"，使用移动工具 ▶ 将其拖至刚制作的文件中，并分布在汽车的四周，如图16.280所示，同时得到组"飘丝"。

图16.278 绘制形状

图16.279 添加蒙版后的效果

图16.280 摆放图像

Tips 提示

本步骤是以组的形式提供的素材，由于在前面的操作步骤中都已详细讲解，在叙述上略显烦琐，读者可以参考最终效果源文件进行参数设置，展开组即可观看到操作的过程。下面来制作画面中的字母。

⑦ 选择组"形状"，选择钢笔工具 ✐ ，并在其工具选项条上选择"路径"选项，在文件左下方绘制如图16.281所示的路径。

⑧ 单击"创建新的填充或调整图层"按钮 ⬤ ，在弹出的菜单中选择"渐变"命令，设置弹出的对话框如图16.282所示，隐藏路径后的效果如图16.283所示，同时得到"渐变填充9"。

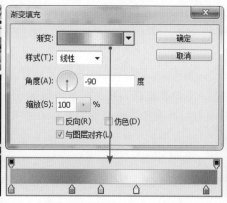

图16.281 绘制形状　　　　　　图16.282 "渐变填充"对话框　　　　　　图16.283 渐变效果

Tips 提示

在"渐变填充"对话框中，渐变类型各色标值从左至右分别为 f0a44b、 e3604d、
f0b57f、 fbf6e4和 e15704，所绘制的路径可参考"路径"面板中的"路径10"。下面来
制作字母的立体效果。

⑨ 选择钢笔工具 ✐ ，在工具选项条上单击"路径"选项和"合并形状"选项，在字母
上面绘制如图16.284所示的路径。

⑩ 新建"图层7"。设置前景色为白色，选择画笔工具 ✐ ，并在其工具选项条中设置
画笔为"柔角3像素"，不透明度为50%。切换至"路径"面板，单击"用画笔描边
路径"按钮 ◯ 。隐藏路径后得到的效果如图16.285所示，切换回"图层"面板。

Tips 提示

本步所绘制的路径可参考"路径"面板中的"路径11"。

⑪ 单击"添加图层蒙版"按钮 ▣ 为"图层7"添加蒙版，设置前景色为黑色。选择画
笔工具 ✐ ，并在其工具选项条中设置适当的画笔大小及不透明度，在图层蒙版中进行
涂抹，以将下面白色线条两端的图像隐藏起来，直至得到如图16.286所示的效果。

图16.284 绘制路径　　　　　　图16.285 描边效果　　　　　　图16.286 添加蒙版后的效果

⑫ 显示"路径11",选择路径选择工具 ▶,将整个路径选中,配合方向键←和↓向左下方移动少许,如图16.287所示。

⑬ 按照本部分步骤⑩、步骤⑪的操作方法新建图层,利用画笔工具 ✏ 为上一步得到的路径进行描边,并添加图层蒙版。应用画笔工具 ✏ 在蒙版中进行涂抹,以将线条两端的图像隐藏起来,如图16.288所示,同时得到"图层8"。

> **Tips** | **提示**
>
> 本步骤中图像的颜色值为 d84f6b。下面将结合加深工具 ◐、画笔工具 ✏ 等制作字母的阴影效果,以增加立体感。

⑭ 在"渐变填充9"图层名称上右击,在弹出的菜单中选择"删格化图层"命令,从而将其转换为普通图层,以方便下面应用加深工具 ◐ 加深图像。

⑮ 选择加深工具 ◐,设置其工具选项条如 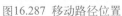 所示。在字母的上、下方进行涂抹,以加深图像,如图16.289所示。

图16.287 移动路径位置　　　　图16.288 制作红色线条图像　　　　图16.289 加深后的效果

⑯ 选择"图层8",新建"图层9",设置前景色为黑色,选择画笔工具 ✏,并在其工具选项条中设置适当的画笔大小及不透明度,在字母的左侧及下方进行涂抹,直至得到如图16.290所示的效果。

⑰ 单击"添加图层蒙版"按钮 ▣ 为"图层9"添加蒙版,设置前景色为黑色。选择画笔工具 ✏,在其工具选项条中设置适当的画笔大小及不透明度,在图层蒙版中进行涂抹,以将下方颜色过重的图像隐藏起来,直至得到如图16.291所示的效果。设置当前图层的不透明度为60%,以降低图像的不透明度。

⑱ 结合路径、渐变填充图层以及图层蒙版的功能,制作字母左侧的高光效果,如图16.292所示,同时得到"渐变填充10"图层,"图层"面板如图16.293所示。

图16.290 涂抹效果　　　　图16.291 添加蒙版后的效果　　　　图16.292 制作高光效果

Tips 提示

本步中关于"渐变填充"对话框中的参数设置请参考最终效果源文件。下面制作其他字母图像。

⑲ 打开随书所附光盘中的文件"第16章\16.9-素材6.psd"，使用移动工具 ▸⊹ 将其拖至刚制作的文件中，并分布在汽车图像的左上方及右下方，如图16.294所示，同时得到组"字母"。

Tips 提示

本步骤的素材也是以组的形式给出的，读者在制作的过程中，绘制路径时可参考"路径"面板中的"路径13"～"路径17"。下面来制作字母的高光效果。

⑳ 选择组"字母"，新建"图层10"，设置前景色为白色。选择画笔工具 ✎，在其工具选项条中设置适当的画笔大小及不透明度，在各个字母上面进行涂抹，直至得到如图16.295所示的效果。

图16.293 "图层"面板　　　　图16.294 摆放图像　　　　图16.295 涂抹效果

Tips 提示

至此，字母图像已制作完成。下面来制作画面中的其他装饰图像。

㉑ 选择组"背景"，分别打开随书所附光盘中的文件"第16章\16.9-素材7.psd"和"第

16章\16.9-素材8.psd"，使用移动工具 ⊹ 将它们依次拖至刚制作的文件中，并分布在画面中的各个区域，如图16.296所示。同时得到组"线条1"和组"文字及条纹"。如图16.297所示为单独显示本步及"背景"图层时的图像状态。

图16.296 摆放图像　　　　　图16.297 单独显示图像状态

提示

本步骤的素材也是以组的形式给出的，读者在制作的过程中，绘制路径时可参考"路径"面板中的"路径18"～"路径22"。另外，组"文字及条纹"要放在所有图层的上方。下面来调整图像的亮度及对比度。

22 选择组"文字及条纹"，单击"创建新的填充或调整图层"按钮 ◐ ，在弹出的菜单中选择"亮度/对比度"命令，设置弹出的面板如图16.298所示，得到的最终效果如图16.299所示。"图层"面板如图16.300所示。

图16.298 "属性"面板　　　图16.299 最终效果　　　图16.300 "图层"面板